横浜の"ロック"ステーション

TVKの挑戦

ライブキッズはなぜ、そのローカルテレビ局を愛したのか？

兼田達矢

DU BOOKS

横濱インディペンデント——

ロックを愛し、ロックに愛されたテレビ局の軌跡を振り返って。

Prologue

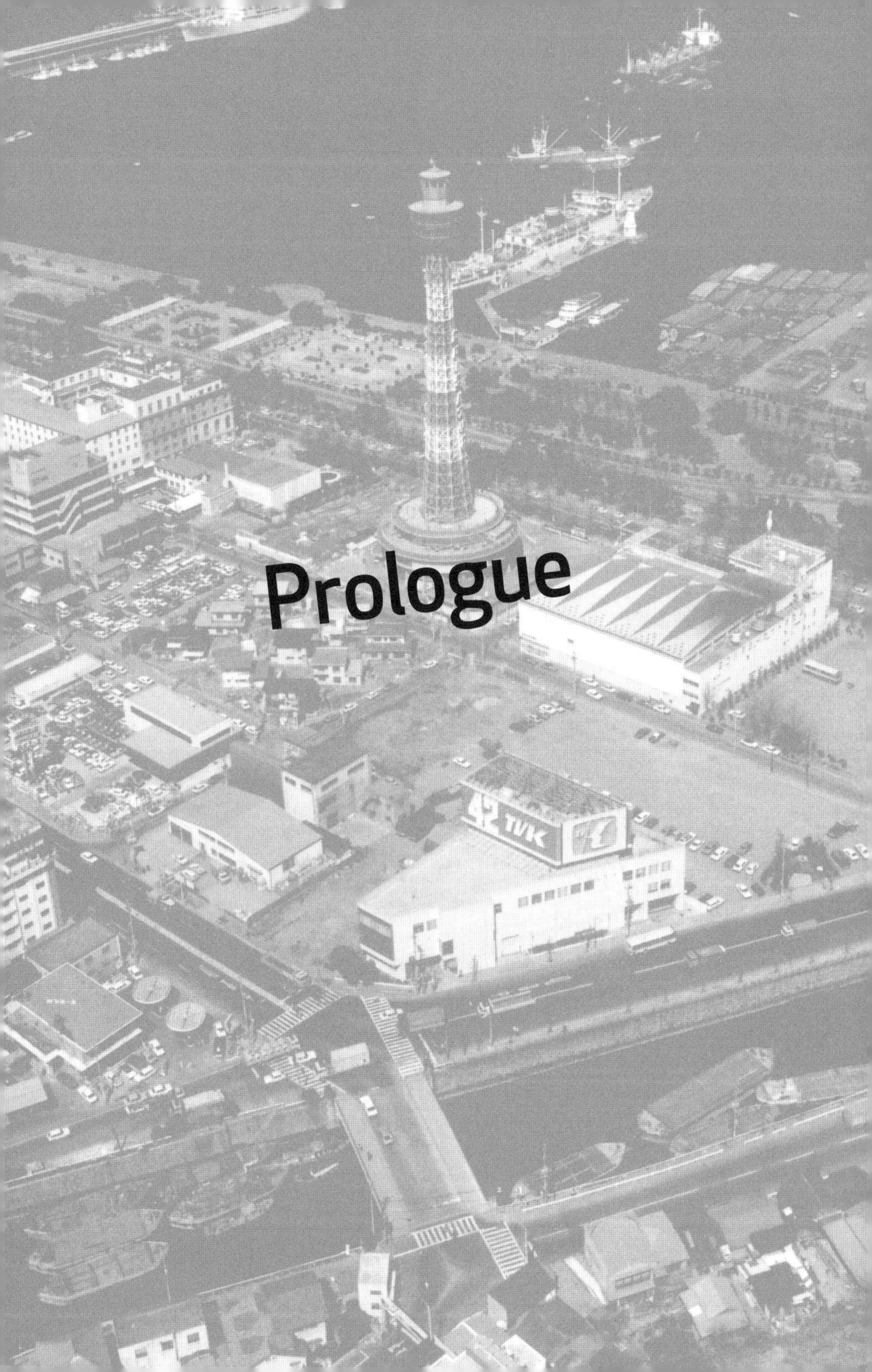

その日は雨だったから『プロ野球ニュース』で試合結果を確認する必要がなかったのかもしれない。あるいは、『11PM』の内容がつまらなかったのかもしれない。いずれにしても、その日、なんだかすごく切迫した空気を伝えるライブ映像を、サンテレビという関西ローカルのチャンネルで目撃したのは全くの偶然だった、ということだけは間違いない。

それは、『ファイティング80's』という番組であるらしかった。そして、ダウンタウン・ブギウギ・バンドが知らない曲を演奏していた。彼らが、それまでのレパートリーをお蔵入りにして、より過激な内容の新曲ばかりを披露して観客を圧倒したというライブレポートを先に新聞で目にしていたけれど、〝こういうことなのか!〟と思った。それは確かに、歌謡曲の歌手たちに混じって歌番組でヒット曲を演奏していたダウンタウン・ブギウギ・バンドではなく、ファイティングという言葉をバンド名に埋め込んでより戦闘的になった、新しいバンドだった。

以来、毎週木曜日の夜は『プロ野球ニュース』の佐々木信也のコメントを最後まで聞くことなく、そして『11PM』には目もくれず、『ファイティング80's』で新しい出会いを重ねることになった。NHK-FMで「アンジェリーナ」という曲を聴いて大いに気になっていた佐野元春というアーティストの演奏を初めて見たのもこの番組だったし、THE MODSやアレキサンダー・ラグタイム・バンド(ARB)、ダンガン・ブラザーズ・バンド、J-WALKといったバンドの存在を知ったのもこの番組だ。加えて、サザンオールスターズや柳ジョージ&レイニーウッドのように、他の番組で演奏を見たことがあるバンドも、この番組で見るとなんだか肌合いが違う。〝どうも、この番組は特別らしい〟。地方で限られた情報を追いかけていた高校生にも、それははっきりと感じられることだった。

１９８６年、「地方で限られた情報を追いかけていた高校生」は、上京して大学を卒業し、当時隆盛を誇っていたFM誌にたまたま配属されて、まさに新時代を迎えつつあった音楽シーンの流れに放り込まれることになった。もちろん、新人雑誌編集者にその大きな流れの全体を見渡すことなど不可能だったが、その流れの中に独自の渦を作り出しているテレビ局があることに気づくのにはそれほど時間はかからなかった。気になるバンドについてレコード会社やマネージメントに情報を求めると、「TVKでPVがかかりまくってますから」「今度、TVKでライブ撮ってもらうんですよ」といったコメントにしばしば行き当たったからだ。そして、他でもない『ファイティング80's』がサンテレビではなくそのテレビ局によって制作されていたと知るにおよんで、僕のなかでその存在ははっきりと意識されることになった。〝どうも、TVKは特別らしい〟。

実際のところ、TVKという局は、例えば『夜のヒットスタジオ』や『ザ・ベストテン』といった人気歌番組を放送していたテレビ局と成り立ちが違っていて、彼らの特別性はその成り立ちの違いに因るところが大きい。

その違いとは、一体どういうことなのか?

それを知るためには、1967年にテレビ放送の世界で起こったひとつの〝事件〟を振り返ることから始めなければならない。

それまでは、テレビ放送にはVHF帯のみ開放されているだけだったので、放送に使える帯域が狭く、大都市圏を除いておおむね1県1局という状況が続いていた。しかし、この年、当時の監督官庁であった郵政省が方針を転換し、テレビ放送にもUHF帯を使用できるようにしたことから、いわゆる〝第2次大量免許時代〟が到来したのだ。1968年から70年の3年間に開局したテレビ局はじつに33社。現在テレビ放送を行っている民放127社の、4分の1以上がこの時期に開局したことになる。この開局ラッシュの結果、大都市圏と地方との情報格差の是正が進み、同時に現在に通じるテレビ局の系列化も進んでいった。1972年にはその大方針転換を主導した田中角栄が総理大臣に就き、「日本列島改造論」に基づく開発事業が日本各地で展開され、地価が高騰し、各地に土地成金が出現したりする一方で、「地方の時代」という言葉で表現されるある種の地域主義が意識されるようにもなっていった。

テレビ神奈川（TVK）が開局したのはこういう時代だ。1972年4月1日の放送開始当時、まだ放送局の系列化は十分に進んでいなかったので、各地の地方局が、日本テレビ、TBS、フジテレビ、テレビ朝日、そしてテレビ東京という在京5局のどの番組を受けるかということについては、その5局よりも地方局のほうに主導権があったと言われている。しかし、ことTVKに関してはまったくの例外だった。というのも、TVKの受信地域はほぼ在京局と重なるので在京局の番組を放送していたのでは存在価値がなくなってしまうからだ。つまり、TVKは生まれながらにして独立独歩を宿命づけられたテレビ局だったのである。

さて、先にも述べた通り、日本は70年代を通して都市圏と地方の格差が解消されていき、さらには生活の様々な局面での均質化が進んでいく。それは、文化的にはメイン・カルチャーがサブカルチャーを圧倒し、カウンター・カルチャーの出現を難しくしていく過程でもあったわけだが、そのなかにあって独立独歩の宿命を背負ったTVKはサブカルチャーの発信にこそ自らのアイデンティティを見出し、そのシーンのなかから80年代にメジャー化していった日本のロック/ポップスの台頭に大きく寄与して、〝ロックのTVK〟と呼ばれるに至った。

そこで中心的な役割を果たした住友利行は、TVK開局の年に同社に入り、以降『ヤング・インパルス』『ファイティング80's』『ライブトマト』といった伝説的音楽番組の制作に携わった。その軌跡を辿るロング・インタビューはきっと「個性的なTVプロデューサーの一代記」といったものに簡単に仕上がるだろう。が、ここでは彼の言葉に関係者の証言を編み合わせて、横浜のインディー・テレビ局の奮闘と、そこから生まれた日本のロック/ポップスの新しい潮流の息吹を、追体験することを目指していく。なぜなら、輝かしい未来はしばしば個人的な記憶が積み重なってできあがった壁の向こうに潜んでいるからだ。

contents

【本書で取り扱う主要音楽番組データ】

『ヤング・インパルス』

１９７２年４月放送開始。毎週日曜日・午後８時〜午後９時26分。公開生放送。74年10月からは午後７時30分〜午後８時25分の放送に。76年９月終了。

『ファンキー・トマト』

１９７８年10月放送開始。毎週月曜日・午後７時〜午後８時45分。生放送。番組開始時のパーソナリティーは南佳孝と竹内まりや。90年４月からは、東京・銀座のソニー・ビルＳＯＭＩＤから生放送。93年３月終了。

『ファイティング80's』

１９８０年４月放送開始。毎週金曜日午後９時〜９時55分。公開収録。パーソナリティーは宇崎竜童（ダウン・タウン・ファイティング・ブギウギ・バンド）。83年３月終了。

『ミュージックトマト』

１９８３年４月放送開始。毎週月曜日〜金曜日午後４時55分〜午後５時45分。

『ビルボード全米ヒットチャート50』

１９８３年10月放送開始。毎週水曜日・午後10時〜午後10時55分。パーソナリティーは、番組開始時から変わらず、中村真里が担当。２０１２年、「同一ビデオジョッキーによる最も長寿な音楽番組」としてギネス世界記録に認定された。現在は、『billboard TOP40』という番組名で毎週土曜日・午後11時30分から放送。

『SONY MUSIC TV』

1983年12月放送開始。毎週金曜日・午後11時30分〜深夜2時50分。番組開始時はTVK、KBS京都、サンテレビの3局ネット、その後6局ネットに。94年9月終了。


『ミュージックトマトJAPAN』

1984年4月放送開始。毎週月曜日〜木曜日・午後11時〜午後11時30分。番組開始時のビデオジョッキーはマイケル富岡。全国19局ネット（90年時点）。2006年3月終了。


『ライブトマト』

1986年11月放送開始。毎週木曜日・午後10時〜午後10時55分　公開収録レギュラー・インタビュアーは音楽評論家、平山雄一。93年3月終了。


『saku saku モーニングコール』

1997年4月放送開始。毎週月曜日〜金曜日・午前6時45分〜午前7時30分。番組開始時のレギュラーパーソナリティーはPUFFYと中村貴子。2000年10月からは番組名が『saku saku』となり、放送時間も午前7時30分からの30分番組に。木村カエラ、トミタ栞らがMCを務めた。17年3月終了。


『ABOUT 30/50』

1999年5月放送開始。毎週日曜日・午後10時30分〜午後11時。レギュラー・パーソナリティーは宇崎竜童と尾崎亜美。

テレビ神奈川の表記について、本書本文中では 2003 年以前の公式表記「TVK」に統一してあります。

第1章
横濱インディペンデント

ごちゃごちゃな始まり

その時、住友利行は探しものをしていた。

それは、彼に限ったことではない。何者でもない人間が何者かになっていくある時期、誰もが過ごす時間だ。人によって少し違いがあるとすれば、自分が何を探しているのか自覚している人間とそうでない人間との違いだけれど、それも結果とは直接結びついてはいないようである。何をやっているのかわからないままに突き進んで唯一無二のものに行き当たる人がいる一方で、求め続け、探し続けた先にやはり思いを果たせない人がいる。

さて、住友はどうだったろう？

「単純に憧れで、テレビ局の仕事をしたいなと思ったんです。僕の実家が山口県の下関で、下関というのはラジオにしろテレビにしろ福岡の電波がよく入ってたんですよ。山口にも放送メディアはあったんだけれども、それよりも福岡の電波のほうが入りが良くて、ラジオ、テレビはKBC[※1]やRKB[※2]、そういうのをよく見たり聞いたりしていました。大学は教育学部教育学科というところで……。中学校の時にいい先生に出会って、その先生が広島大学を出ていて、その人と同じところに行こうと思って広島大学の教育学部に行ったんです。つまり、先生になろうと思って大学には入ったんだけど、途中であまり気が進まなく

※1　KBC
九州朝日放送。福岡市に本社を置く。1954年にラジオ放送を開始し、現在は全国ラジオネットワーク（NRN）系列。59年にテレビ放送をスタート。現在はテレビ朝日系列。

※2　RKB
RKB毎日放送。福岡市に本社を置く。1951年にラジオ九州としてラジオ放送を開始。58年に西部毎日テレビジョンと合併、RKB毎日放送となった。TBSをキー局とするジャパン・ニュース・ネットワーク（JNN）に加盟している。

なって。結局、教育実習にも出なかったし……。それでテレビ局に行こうと思って、まず福岡のFBS[※1]に打診したんですよ。でも、その年は新入社員を採らないという。NHKの広島支局を受けたら、あっさり不合格（笑）。仕方なく就職浪人することにしました。テレビ局というのは、新しくできるところでないと人は採らないという話も聞いたので。そしたら、神奈川県に新しいテレビ局ができるらしい、と。ただ、東京か神奈川の在住者でないと受けられないらしいということだったので、親戚の伝手を頼って住民票を東京に移し、それで試験を受けました。どうにか合格して、その年の秋から開局準備室というところでアルバイトをしていました」

彼のTVKまでの道のりはこんなものである。はっきり言って、紆余曲折と言うほどのこともない。それでも、彼のなかで、テレビマンになりたいという気持ちははっきりしていたようだ。ただ、なにせテレビ局というもの自体が日本にできてまだ10数年しか経っていない時代の話である。住友自身、テレビマンどころか、マスコミで働いている人間にさえ大学を出るまで会ったことがなかったという。

「闇雲な、計画性のない人間だったのかもしれない（笑）。憧れだけで入っちゃったんですよ。テレビの仕事がどんなものかは全然知らなかったんだけど、どこか華やかな仕事が好きだったんでしょう。自分は教育学部を出ているし、テレビ局には何％かは教育放送をやらないといけないという割合が決められていたから、入ったらそういう番組をやらされ

※1　FBS
福岡放送。福岡市に本社を置く、日本テレビ系列のテレビ局。1969年4月、放送開始。

るんだろうなと勝手に思っていたんだけど、あとでわかったのは教育番組というのはどこか別のところが作って局は流しているだけだったんですよね」

そう言って、住友は笑う。が、話を聞いていて訝しく思うのは、当時は就職ということが今とは全く違う感覚で捉えられていたのではないかと想像するからだ。人生についてのイメージや歳の取り方ということについての考え方の基本のようなものがはっきりとあっただろうし、そうした一般的な道筋から外れる人間は今よりもはるかに少なかっただろう。そういう時代にテレビマンという仕事を選ぶというのは、単に向こうみずとかミーハーというような言葉で説明できるようなものとは違う意識がはたらいたのではないか。

そんな話をしたら、住友はしばらく考えてから、ゆっくりと話した。

「自分の実家が商売をやっていて、どちらかと言うと田舎では目立つ存在だったんですよ。世間は僕を特別な目で見るし、親からは変に期待される。長男だから、家業を継ぐことは当たり前だろう。そういうプレッシャーから解放されたい、早く田舎を出て自由になりたいという気持ちが心の底にふつふつとあったと思う。人とは違った生き方をしたい、いろんなプレッシャーを打ち捨てて、イチから全然違う世界に生きてみたい、やってみたいという気持ちが基本的にあったのだと思います」

住友がそうした思いに囚われたのは、彼の個人的な性質に因るものだったのだろうか？あるいはその時代の若者に共通する何かがあったのだろうか？　試みに、住友と同期入社の人たちにも、当時の心境を聞いてみることにした。

「TVKの第一期生として確か11人くらい入ったと思うんだけど……」と住友が言う同期入社のうち、彼と同様、退職するまでずっと制作の現場にこだわって過ごした笹原彰夫は入社のいきさつを苦笑まじりに振り返った。

「出身は東京です。高校くらい、いや、その前からかなあ……、放送の仕事がしたいとずっと思っていて、本当はラジオに行きたかったんですよ。当時もう廃れ始めていましたが、ラジオドラマはいいなあという気持ちがあって。いろいろ受けたんですけど、どれも落ちました。10局くらい落ちたかなあ。大学ではアナウンス研究会というところに所属していたんですが、でもアナウンサーになるつもりはなくて……。そういう状況だったから、その年は諦めて就職浪人しようと思い始めていたところに、横浜に新しい局ができるらしいということを教えてくれたヤツがいたんです。ただ、それが応募締め切り当日だったんですよ。絶対わざとだと思うんですけど(笑)。それでも一応電話して「ぜひ受けたいので、今日が締め切りなのは承知しているのだが、明日ではダメか？」と聞いてみたら、「いいよ」と言ってくれたので、翌日履歴書を持って行きました。コネは大事だという話も聞いていたので、そこから探し始めて、細い糸を辿ってなんとかコネも見つかり、就職できました。ちなみに、入って最初の説明会で当時の役員が「今回は開局の大切な年だから、縁故での紹介はたくさんあったけれども、実力だけで選ばせてもらいました」みたいなことを言ったんです。〝やっべえ、俺だけコネ入社か⁉〟と思ったんですけど、後で聞いたら「お前もか」「お前もか」っていう（笑）。そういう始まりでしたね」

もう1人の同期、宇井良太はそのキャリアのほとんどを営業部門で過ごしてきたが、入社の経緯について聞くと、「父親の縁故を生かして入り込んだんです」と、面白そうに話してくれた。

「僕は神奈川県生まれです。一浪して大学に入って、でも当時は大学紛争がすごくて、だから大して学校も行ってない（笑）。そうしてたら、卒業するちょうど1年前くらいにテレビ神奈川というのがスタートするという記事を読んだんですよ。神奈川新聞の記事をね。そこでウチは、親父が県の関係に勤めていたので「これ、入れないかな？」と騒いだんです（笑）。それで無理やり、いわゆるコネでうまく開局に入れちゃったんですよね。結果から見れば、一浪したのも良かったんです。でないと、その開局のタイミングに合わなかったから。入る時には、テレビ局の仕事がどういうものなのかなんてわかってないし、そもそもNHKもキー局もテレビ神奈川も何がどうだかわかってなかったですけどね（笑）」

住友は「同期は11人」と言ったが、2007年に作られた「テレビ神奈川35年史」（以下「35年史」）を見ると、「21人の新入社員」とある。

宇井に確認すると、「多分ね。会社ができた時の入社と、開局入社と2通りあって、それを合わせて21人ということなんだと思います」と、言う。

さらに、笹原が当時の様子を詳しく解説してくれた。

「72年に放送開始ですが、71年に会社は立ち上がって、そこからの1年は開局準備室ということですよね。そこには、地方局から中途採用みたいな形で移って来た人もいました。そういう人たちは年代的には30前後。経験者じゃない人もかなりいました。設計事務所で図面を描いていた人が総務部員になったりしてましたから。正式採用は72年4月でしたが、〝忙しいから、その前から来てくれ。バイト代は出すから〟という話をされて、でも僕は最初行くつもりはなかったんです。ところが、早く来れる人間から現場に配属されていくという噂が聞こえてきて、それで慌ててバイトに行きました（笑）。それが3月くらいかなあ。71年組とは言っても4月に入ったわけじゃない人もいたし、僕より年下の高卒の人もいたりして。そういうごちゃごちゃな始まり方だったんですよ」

「ごちゃごちゃな始まり方」、というのがおそらく正しいのだろう。

住友は1948年生まれ。いわゆる団塊の世代だ。太平洋戦争後の第一次ベビーブームの時期に生まれ、戦後民主主義に最初の異議申し立てをした世代でもある。おかげで、学生運動が最も激しかった時代に大学生活を送り、その結果として就職という局面を迎えるタイミングが1年違うだけでその後の人生の流れ方が随分と違ってしまったという人も少なくないと言われる。宇井が言うように、大学卒業と開局のタイミングが合った彼らは幸運だったのかもしれないが、入社した会社の未来はその時点では必ずしもバラ色というわけではなかったようだ。

サンテレビがタイガースなら

おそらくは「ごちゃごちゃな始まり方」をしたＴＶＫだったが、その後、急ピッチでテレビ局としての体制が整えられていった。報道制作関係にはラジオ関東[※1]から４人、編成及びＣＭや番組の運行部門には日本教育テレビ（現テレビ朝日）からのスタッフがあたり、技術系には日本テレビから専門家が多数配置された。そして、新入社員21人は２班に分かれて、１９６９年に放送を開始していた神戸の独立局、サンテレビ[※2]で研修を行った。

「サンテレビでの研修は71年の10月と11月にあって、僕と住友は11月でした。研修とは言っても、僕は営業で行かされました。営業の研修なんて、何だろうね（笑）。戻ってきたら制作をやらされたんだけど、半年経ったらまた営業になりました。それでも、その研修で良かったのは、すべての部署に２、３日ずつだけど、顔を出させられたんですよ。テロップを作る現場から制作の現場、中継の現場、それに営業の話も聞いたり編成の話も聞いたりして、おぼろげに〝テレビって、こうなんだな〟みたいなことを感じましたから」

宇井はこう語るが、笹原は研修に関して特に印象に残っていることはないと言う。報道

※1　ラジオ関東
横浜市に本社を置くラジオ局。１９５８年放送開始。81年、商号をアール・エフ・ラジオ日本に変更した。本文にある「昨日のつづき」の他、「大瀧詠一のGO! GO! Niagara」や「スネークマンショー」といった伝説的な番組を放送した。

※2　サンテレビ
サンテレビジョン。神戸市に本社を置くＵＨＦ局。１９６９年５月、放送開始。日本で最初にプロ野球の試合終了までの完全生中継を行ったテレビ局である。

部という立場で参加したことは憶えているが、なぜ報道部だったのか、はっきりしない。ただ、こんなやりとりがあったことは記憶している。入社試験の面接で「君はアナウンス研究会だそうだが、アナウンサーをやるのか？」と聞かれて、とにかく入らないといけないと思っていたから、「何でもやります！」と答えたものの、入社後アナウンス部長が「笹原、お前アナウンサーやるらしいけど、どうなんだ？」と聞くので「あまりやりたくないです」と答えたら、「じゃあ、やめとけ」と言ってくれたという。結果、笹原は報道部員になった。

「あのやりとりはいつだったのかなあ。研修には報道で行ったわけだから、その前だったのかな。ただ、当時アナウンサーは報道部の所属だったから、研修も報道部だったのかもしれない。僕自身は、本当は報道部も嫌だったんです。当時のＴＶＫはニュースの枠が無い局でしたから、報道部でありながら行政の広報番組を作らされていたんですよ。本来は行政をチェックする役割を担っている部署で行政の広報番組を作っているという矛盾も感じながら、僕のキャリアはスタートしたわけです」

住友は、地方の独立局が生き残っていくためのヒントを一つ掴んだ。

「サンテレビの研修には、僕は制作の人間として行かされたように記憶してるんだけど、その頃サンテレビが制作していた番組というと広報番組くらいしか印象がないんです。それに、当時どれくらい阪神タイガースの中継をやっていたかもはっきり憶えていないけど、それにしても地の利を生かしてアピールしていくということは大事だなと思いましたね」

サンテレビが阪神タイガースにこだわるならば、ＴＶＫには何があるだろうか？と、住友は考えた。まず思いつくのは〝国際色が豊かで、先進性がある土地柄〟という横浜のイメージだ。だから、国際色や先進性を打ち出すことでＴＶＫの価値が自ずと生まれてくるだろう。それは神奈川県と言うよりは横浜という街のイメージということにはなるけれども、70年代前半というその時代にはまだ、「東京からクルマを飛ばして本牧に遊びに行った」とか「横浜に行けば何か面白いものがあるぞ」という雰囲気があったのは事実だ。

「そういう横浜の土地柄やイメージを生かさないとダメだということは、なんとなく感じ取ったんじゃないかなあ。その感覚が局全体でどれだけ意識されていたかはわからないけど、それにしてもそういう空気は確かにあった。と言うか、そういうふうにやっていかないと、この局の存在する意味はないじゃないかっていう。それは、みんな考えていたと思います」

ＵＨＦ局であるＴＶＫにとって、放送を受信するためのアンテナを普及させることは急務だったが、そのキャンペーンの一翼を担うべく選出された14人の〝ミスＴＶＫ〟に３人のアメリカ人と１人の中国人が含まれていたことは、国際色豊かな横浜のイメージをアピールするという意識の一つの現れだったのかもしれない。

もっとも、ＴＶＫ自体の船出に向けた道のりは、決して平坦ではなかった。放送開始が10ヶ月後に迫った71年６月に建設が始まった局舎の用地は、建設の過程で地盤が軟弱であることがわかり、送信タワーを局舎の屋上に載せる計画が頓挫。局舎から専用の埋設ケーブルを這わせて繋いだマリンタワーから三ツ池公園内に建設する鶴見送信所に電波を飛ばし、そこから各家庭に送ることになったが、その鶴見送信所建設用地の地鎮祭が行われたのは8月14日だった。さらに11月には、前の神奈川県知事から転じて初代社長に就任した内山岩太郎が逝去。社内の動揺は、想像に難くない。

大学を出たばかりのアルバイトだったとは言え、否、そういう立場だったからこそ、社内のそうした状況に住友は敏感に反応したはずだが、そこで彼は不安を覚えるのではなく、生き残るための方策を考えることしか頭になかったと振り返る。

「テレビ局の仕事がどういうことなのかというのは全くわかっていなかったから、一つ一つ、見ながら聞きながら、そして実際にやっていくなかで覚えていくしかなかったし、同時にその過程で「テレビ神奈川はどうやって生きていけばいいんだ?」ということを話し合い、考えていかざるを得ない状況だったんですよ」

なにせ東京のテレビ局の電波が全部届くのだから、入ってはみたものの〝このテレビ局は必要なのか?〟と思うことが住友にも何度かあったという。しかし、上層部の人間は「神奈川の人にいろんな情報を伝えるのが役目」と話す。そこで言う「いろんな情報」とは何なのか?誰しも、疑念を持って考えるだろう。

「ただただテレビへの憧れで入ってはみたものの、それだけでやっていけるはずもなくて、

開局当時の TVK 社屋

現実の問題として食っていくためにやらなきゃいけないことを考えざるを得なかったというのが本当のところですよ。だから、TVKに入った当時〝先々どうしていこうかな？どうなるんだろう？〟なんてことは全く考えていなくて、とにかく〝今この時に必要とされるテレビ局〟というものを一生懸命考えていたんじゃないかな。今この時に必要とされないテレビ局なんて何の意味もないじゃないかということだよね。それは僕だけじゃなくて、社員みんな同じだったと思いますよ」

具体的な仕事のやり方は他局からの応援組に教わったものの、それが自分たちの生き残る方策につながるとは思っていなかった。自分たちの生きる道は自分たちで切り開くしかないのだ。その思いが、住友のなかでは自然と固まっていった。

「僕らが入ったテレビ局は独立局だったし、一期生だからその局の先輩がいるわけでもない。仕事を教えてくれる人はみんな、他局から来た人たちです。その人たちに、「テレビというのはこういうふうに作るものなんだよ」と教えてもらったわけだけど、それは〝そうなんだ〟と思うだけで、それがイコール、テレビ神奈川という局が立ち上がっていく上での基礎になり、ものすごく生かされていったというふうには思っていない。大事なのは、テレビ神奈川という局の誕生の仕方にいつでも立ち返っていって、〝とにかく、自分たちでなんとか食っていかないとしょうがねぇな〟ということであって、それをなんとなくじわじわとわかっていったという感じだったと思いますね」

当時のTVKは、言ってみれば2軍のいないプロ野球チームのようなものだったのかもしれない。新人選手であっても、他にいないからどんどん1軍の試合に出場させられる。それが結果として選手育成につながっていくように、TVKでは新人まで含め、全員が現場の戦力だったのだ。

ただ、笹原は自身のキャリアを振り返って、然るべき段階を経ずに現場で独り立ちしていったことが果たして良かったのかどうかわからないと話す。

「開局当時、日本テレビから来てた人に〝こんな局だったら、お前も1年も経たないでディレクターをやらされるんだろうな〟と言われたのを憶えてるんです。一応最初はADから始まってはいましたけど……、報道は人がいなくて、スタジオを使う番組ではADでしたが、5分枠の広報番組とか、スタジオを使わないでテロップと写真だけで組み立ててしまうような番組は最初から自分でやってました。それは良かったのか、どうなのか……」

笹原は早くから放送の仕事に就きたいと考えていたので、東京のキー局の常識というものを承知していて、「まず5年くらいはADをやらされて、その後にようやくディレクター」というようなキャリアの進み方を想定していた。ところがTVKに入ってみると、先の話のような状況だったから、〝ええっ!? もうこんなことをやらされちゃうの？〟と思うことの連続だったという。

「ADも、キー局は3rdくらいまでいると聞いていたのに、TVKではフロアをやるのは僕1人という状況で、それに対して〝これでいいのかな？〟という感覚も無くはなかったんですよ。早くディレクターになれて得したなという気持ちもどこかにあったかもしれないけれど、とりあえず修業みたいな感覚がある場だと思っていたから、そういうことをやらないで進んでいったのは、後から振り返ってみても、やっぱり、ちょっと違ってたんじゃないかなという気はしますね」

対して住友は、結果としての実戦主義とでも言うべきそのやり方が、TVKらしさというものを育てていったのではないかと考えている。

「ライオンの母親が子どもを谷に突き落とすという話がありますよね。今から思えば、それはやっぱり乱暴だなあという気もするけれども（笑）、TVKというのはそういうやり方だったのかなあと思います。いろんな局からいろんな人が来て「テレビっちゅうもんはな……」と教えてくれたけど、僕はあまり聞く耳を持っていなかったということもあって（笑）、とにかく現場で覚えろというやり方だったから。それでも、そこにTVKらしさみたいなものが培われていったようにも思うんです。局を取り巻く当時の状況というのも肌身に染みているわけだから、そういうなかでそんな育てられ方をしたら、自分たちの局を守っていくにはともかくがむしゃらにやっていくしかないという気持ちになりますよね。そのがむしゃらさが後のいろんな番組企画に結びついていったような気がするんですよ。常識に囚われないというか、普通の人から見ればバカじゃないかと思うようなことをやっていったのは、そういうことなんじゃないかな。がむしゃらにやらざるを得なかったし」

住友が「がむしゃらさ」という言葉で表現した真っ直ぐな熱情が当時のＴＶＫを動かしていたということについては、笹原も同意見だ。

「修業期間が全然なかったこととも関係あると思うけど、パッションというか、勢いはみんな持っていたなと思います。怖いもの知らず、ということなのかもしれないけど。例えばテレビ局では普通、営業に配属された若いヤツと制作に配属された若いヤツって仲が悪いじゃないですか。でも、当時のＴＶＫはみんな一緒くたになって番組を作る気分があったんですよ。そういう勢いが強みにもなっていたとは思います。あのパッションは、何だったんでしょうね」

そう言ってから、笹原はしばらく考えた。

「〝認められる局、見てもらえる局にとにかくなりたい！〟という気持ちだったのかなあ。理路整然としたものではなかったと思うんです。特に若い連中のなかでは。それでも、バカにされたくないというか、目立ちたいというか、存在感を持ちたいというか……。敢えて言えば、文化祭で頑張って目立ちたい、みたいな感覚に近かったのかもしれないですね」

とにかく目立つ番組を
――アンテナを付けないと観られないという高きハードル――

「35年史」を見ると、放送を開始した時点で、「2台目のテレビ、パーソナルテレビを狙って、夜の時間帯はヤング層にターゲットを絞る」という方針を局として掲げていたことがわかる。一方、内閣府が毎月実施している「消費動向調査」によると、カラーテレビの世帯普及率はTVKが放送を開始した1972年に61・1%と初めて50%を超えたが、二人以上世帯の平均保有台数が2を超えるのは1988年まで待たなければならない。つまり、「2台目のテレビを狙う」という方針は、控えめに言っても、早すぎるビジョンだ。

制作の現場は、上層部のそうした方針をもちろん承知していたが、しかし具体的な番組企画を考えていく上で一番意識されていたのは「とにかく目立つものを」ということだった。「だって、東京の局がやらない、あるいはやれない、「何!?このテレビ局!?」というものをやらないと誰も見てくれないでしょ、というところから始まっているんだから」

言うまでもない、といった調子で住友は当時を振り返る。というのも、放送エリアが在京キー局と重なっている上に、再三書いている通り、TVKはUHF局だったので、見るためにはUHFのアンテナを設置してもらわなければいけないという宿命を背負っていたからだ。東京の局をはじめとするほとんどのテレビ局はVERY HIGH FREQUENCY（＝超短波）、簡単に言えば粗いけれども強い電波を発信するＶＨＦ局だ。対して、ＵＨＦ局が発信しているのはULTRA HIGH FREQUENCY（＝極超短波）、即ちきめ細かいけれども届く範囲が狭い電波だったから、アンテナをつけてもらわないと見てもらえない、ということになる。

「そうまでして見る番組というのは、今で言えばＣＳチャンネルに近いと思うんです。作る側は、有料放送的な意味合いというか、そのためにお金を払って見てもらうものだというくらいの意識を持って番組を作らないと誰も振り向いてくれないという感覚は僕のなかには身にしみてありました」

営業部門はどんなふうに動いていたのだろうか。

「とにかく、まず局の存在を知ってもらおうということですよ」と、宇井は言う。

「知ってもらった上で、東京のキー局があるなかでさらに神奈川にテレビ局が必要か？という疑問に対して、「この局が持っているエリアにはマーケット力があります。そこで、今までのテレビ局ではやらない展開をやったらマーケティング的に絶対にいいですよ」という売り込みをしたんです。そういう位置付けをしていかないと、話は進みませんでした。特に僕は東京支社でしたから。地元だったら地元の関係性でやれるところもあったけれど、東京のスポンサーから見れば「もう十分足りてるよ」という認識だったから。ただ今とは違ってよかったことは、代理店さんコントロールで話が進むんじゃなくて、スポンサーが直接会ってくれたんですよね。それが、助かりました。今話したようなことを、直接訴えかけられたから。その上に、TVKのやってることを面白く思ってくれた人が代理店にも何人かいて、その人たちが僕たちがやってることの面白さを倍化してスポンサーに説明してくれたということも大きかったですね」

放送開始の翌年、73年にはオイルショックに始まるインフレ、そして政府の総需要抑制政策によって日本全体はそれまでの好景気から一転して不況の時代へと突入していった。おそらくは大逆風だったその状況も、宇井のなかでの印象はそれほど強くない。

「オイルショック？ 僕の記憶では〝そんなこともあったかな〟くらいの感じですよ。だって、そもそも誰も見てくれないんだから(笑)。クライアントもいない。幹部はオイルショックももちろん大変だったろうけど、現場の営業にしたら、〝誰も見てないんだから売れないんだよね〟ということなんですよ。相手にしてもらえないんです。〝アンテナ付けるって、そんなことしなくてもウチは必要な局は映ってるよ〟って（笑）」

一般の視聴者はテレビ電波にUHFとVHFがあることなどほぼ誰も知らないし、知る必要もない。興味があるのは、どんな番組をやっているか？ということだけだ。だから、現場の営業にとっては、その前年、つまり開局した年の夏の高校野球神奈川大会の出来事のほうが世の中の経済情勢などよりもはるかに自分たちの仕事に直結する〝事件〟だった。

「72年に神奈川県立の秦野高校が県大会の決勝まで行ったんですよ。番狂わせで。それを中継したおかげで、少し注目されたんですよね」

住友にいたっては、世の中の景気動向といったもの自体に興味がなかった。

「世の中の景気／不景気というのは、あまり感じたことはなかったかな。営業畑の人たちはもろに影響を受けたかもしれないけど、制作現場にいてそういうことを感じることは特になかったと思う」

彼の頭の中を占めていたのは、自分たちにしかできない番組とは？という命題だ。

「ともかく若者に向けた内容で、東京のテレビ局のB級ではダメ。東京の局にはないコンテンツ、東京の局で扱っていない、しかも目立つものでなければならない、ということですよね」

それは、今の時点から見れば、予算やスポンサーのことまで含めた番組全体のことを考えるプロデューサーという立場の人間が上にいたからこその意識と言えるかもしれないが、それにしても自分たちの独自性を突き詰めてそれを番組という形に収斂させていく意識が、キャリアの一番最初に研ぎ澄まされたこと、それが住友の個性を後により際立たせることになったのは間違いないだろう。

ラジオ関東の遺伝子を引き継ぐ

東京の局はメイン・カルチャーを扱っている。であれば、我々はサブカルチャーを取り上げていこう、と彼らは考えた。そこで目をつけたのが、フォークである。72年4月の開局と前後して、吉田拓郎が「結婚しようよ」を発売し（1月）、井上陽水は「傘がない」を収録したアルバム『断絶』を発売している（5月）が、それらのヒット曲はあくまでも例外的な、あるいは単発の出来事に過ぎないと受け取られていた。だから、音楽シーン全体から見ればフォークのアーティストたちというのはまだまだアンダーグラウンドな存在であり、その演奏をテレビで紹介する番組などあるはずもなかった。

「フォークを取り上げることを一つの起爆剤として世間にぶつけて、巷で、特に若者の間で噂になるようにしていこうということになったんです。そういう意味では、開局のタイミングで、日曜の夜に音楽番組『ヤング・インパルス』を始めるというのはすごく大きな方針だったと思うんです」

仕事の最前線で動く者にとって、幹部たちが机の上で考える方針やビジョンが意味をなさないことはどんな会社でもあることだ。「2台目のテレビ」とか「ターゲットはヤング層」とか、そうした抽象的な構想ではなく、『ヤング・インパルス』という番組自体が住友にとっては大事な指針だった。

その『ヤング・インパルス』をはじめ、初期のＴＶＫのオリジナル番組の制作を担ったのは、ラジオ関東からやってきた人たちだった。彼らの指向が、ＴＶＫのアイデンティティを方向づけたと住友は感じている。

「ラジオ関東というのは、その頃は横浜にあって、以前からかなり横浜を意識した洒落たラジオ局というイメージだったんです。ジャズを積極的に取り上げたり、『昨日のつづき』[※1]という番組をやっていたり。つまり、先進的なラジオ局だったんですよ。そういうところから来た人たちが、新しいものをやらなきゃいけない、東京にないものをやらなきゃいけないと考えた時に生まれたのが『ヤング・インパルス』でした。実際、ラジオ関東から来た人がプロデューサーになったし。ラジオ関東の息吹きが反映された部分が大きかったと思うし、ＴＶＫの居場所というか存在価値は『ヤング・インパルス』から生まれたものが多いと思います」

学生時代にラジオ関東の本社を見に行ったことがあるという笹原は、ＴＶＫとの近似性を指摘する。

「ラジオ関東というのは、ＴＶＫと同じ道を辿ってると思うんです。元々、神奈川ローカルの局で、社屋も野毛山の上のちっぽけな2階建のビルだったんですが、開局当時は『昨日のつづき』のように、本当に面白い番組がありました。でも、続けていくと、番組は面白いけど経営的には厳しいという状態になっていったんですよね」

※1 『昨日のつづき』
ラジオ関東「現・アール・エフ・ラジオ日本」放送の番組。放送期間は1959年7月～71年3月。開始当初のパーソナリティは、当時の人気放送作家、前田武彦と永六輔。その後も大橋巨泉、青島幸男、はかま満緒、小林信彦といった面々が出演した。

住友が「ラジオ関東の息吹き」と評した彼らの指向を、笹原は「テレビにはできないことをやる」という考え方だったのだろうと説明する。

「ラジオ関東の1期生か2期生の人が2人、制作に来たんですよ。そのうちの1人が『ヤング・インパルス』を作ったわけですが、その発想はラジオ的というか、テレビにできないことをやろうということですよね。実際、ラジオ関東に限らず、ラジオというメディアは一時テレビに完全にやられてしまっていたけれど、テレビにできないことをやることで息を吹き返しました。その発想のまま、ＴＶＫに移って来たのかなという気がするんです。当時、テレビには出ないけど人気がある連中がいて、そういうミュージシャンもラジオには出ていたから、「ＴＶＫはラジオと同じだよ」と言って『ヤング・インパルス』を作った。それからしばらくして始まった『歌のビッグショー』という番組も、東京の番組に出るとワン・ハーフしか歌えないけどＴＶＫではフルコーラス歌えて、しかも〝番組まるまる１時間をあなただけで作ります〟という内容だった。それも、発想したのは『ヤング・インパルス』を作ったあの人じゃなかったかなあ」

笹原が「完全にやられてしまった」と言う通り、１９５１年の民放ラジオ放送開始に始まるラジオの黄金期は、59年に皇太子ご成婚が生中継されたのを機にテレビが一気に普及したことで終焉を迎え、64年に民間放送連盟放送研究所がまとめた「ラジオ白書」に次のように記される状況に至ったのだった。

「ラジオは自らの美酒に酔い痴れていたのである。まもなく襲い来たテレビの急激な攻勢の前に、ラジオはなすすべも知らずにただあわてて、落胆し、混迷沈滞の淵に沈む」。が、ラジオは程なく新しい居場所を見出していった。テレビが、報道から娯楽、教養まであらゆる話題を、世代を問わず広く届ける総合メディアへの道を邁進していったのに対して、ラジオはマーケット・セグメンテーションを進める企業の指向にも呼応して、扱う内容やターゲットとするリスナーのセグメンテーションを進め、さらには55年に開発されたトランジスタラジオの普及という追い風も受けながら、特定の層を対象にしたパーソナルなメディアというアイデンティティを確立していくことで存在感を回復していったのだった。

その代表的な成功例が、60年代を通して激化していった受験戦争の当事者である高校生を中心にブーム的な人気を集めた深夜放送番組だ。そうした番組ではＤＪのキャラクターが人気を左右する大切な要素の一つだったが、そこで例えばフォーク・クルセダーズ[※1]の北山修[※2]やはしだのりひこ[※3]、ソルティー・シュガー[※4]やウィークエンド[※5]で活躍した山本コウタロー、さらには泉谷しげる、アリスの谷村新司といった、テレビには出ない、あるいは出る機会がないけれどもフォーク・シーンではすでに注目されていたアーティストたちが個性豊かなトークを展開して支持を広げ、歌謡曲中心の音楽シーンに対して、またテレビを中心とした情報流通のメインストリームに対しても、カウンターとなる価値観や感受性を

※1　フォーク・クルセダーズ
1965年結成のフォーク・グループ。67年12月、シングル「帰って来たヨッパライ」でプロ・デビュー。メンバーは、加藤和彦と北山修とはしだのりひこ。68年10月に解散。

※2　北山修
1970年前後の関西フォーク・シーンをリードし、作詞家としてベッツィ&クリス「白い色は恋人の色」、堺正章「さらば恋人」などのヒット曲を生み出した。

※3　はしだのりひこ
フォーク・クルセダーズ解散後は、はしだのりひことシューベルツで「風」を、はしだのりひことクライマックスで「花嫁」をヒット。2017年72歳で逝去。

※4　ソルティー・シュガー
1969年デビューの4人組フォーク・グループ。シングル「走れコウタロー」（70）がミリオンセラーとなり、日本レコード大賞新人賞を受賞。71年解散。

※5　ウィークエンド
ソルティー・シュガー解散後の

生み出していった。『ヤング・インパルス』は、そうしたトレンドの渦中にあったフォーク・アーティスたちの本領、すなわちライブの現場をテレビ番組という形でより広く届けようとしたわけだ。

TVKのそうした独自性を見逃さなかった、あるTVスタッフが温めていたアイデアから後のTVKの看板番組が生まれたエピソードも笹原は明かしてくれた。

「77年に始まった『新車情報』という番組も、確かNET[※1]の社員だったと思うんですが、自分でやりたかったんだけど自動車メーカーのスポンサーとの関係でやれない、と。「TVKだったら、できるんじゃないか」ということで、その番組のアイデアをTVKにくれたところから始まってるんです。だから、東京のキー局から見ても、「TVKはなんでもできそうで、面白い」というイメージはあったみたいですよ」

企業のなかにも、そうしたTVKの独自色を認めてくれる人がいた、と宇井は言う。

「ナショナル（現在のパナソニック）が『ヤング・インパルス』のスポンサーについてくれたんですけど、それは横浜電通に、最後にはベイスターズの社長もやった方がいて、その方が〝こういう視点はいいんだ〟と言って、ナショナルを番組スポンサーにつけてくれたんです。だから、あの番組は保ってたんですよね」

山本が、ソロ活動などを経て結成したフォーク・グループ。代表曲に「岬めぐり」（74）など。

※1　NET
テレビ朝日の前身、日本教育テレビ（Nippon Educational Television）。

『ヤング・インパルス』の立ち上げ

『ヤング・インパルス』のスタッフを命じられたところから住友と音楽番組制作との関わりがスタートするわけだが、開局当初は別の番組の担当だった。

「制作に配属になって最初は、『リビング・ポート』というワイドショーのADを半年くらいやりました。というか、まあ、使い走りですよ。その番組のプロデューサーもラジオ関東から来た人だったんだけど、僕自身は多分、ダメなADだったでしょうね（笑）。なぜ『ヤング・インパルス』に行けと言われたのかわからないけれども。そういう運命だったのかなあ。『ヤング・インパルス』でもまずADとして付いて、25歳で「ディレクターをやれ」と言われ、見よう見まねで始めました。入社して2年後ですよ。何とか形にはしたと思うんだけど……（笑）」

『ヤング・インパルス』はTVKのスタジオからの公開生放送。4月の放送開始時は、日曜の夜8時からの90分番組だった。スタジオにはステージに向かってひな壇を設け、そこに座らせるのと、その前のフロアにベタに座らせるのとを合わせ、1回の放送に入れる客の数はぎゅうぎゅうに詰め込んでも170人くらいまで。応募が多い時は抽選になった。座り位置は、当日に整理券を配って、その順番で決まっていくという形だった。

「公開放送だから、放送前は局の周りにお客さんの列ができるわけです。とすると、通りすがりの人たちが〝何、これ？〟となるわけですよ。それはいい宣伝になりました」

番組1本に出演アーティストは2組か3組。スタッフは、フロアにADが二人。客を入れるので、その対応にあたる人員も何人かいたが、それにしても生放送にあたるスタッフとしては決して多くない人数だった。

生放送に臨むまでの準備としては、まず出演者のマネージメントと打ち合わせ。音資料を聴き、構成作家と打ち合わせて台本を作る。台本が出来上がるとカット割りを入れる、という流れが基本。ただし、スタジオは70坪ほどの広さ（1坪＝2畳＝約3.3平方メートル）で、そこに客を入れるから、カメラ3台のうち下手の1台が前後に多少動けるという程度。だから、カット割りにしても照明にしても、できることはあまり多くなかった。

「あとは、ミニコミ誌みたいなものを作ってました。〝かわら版〟という、番組広報みたいなものだけど。ガリ版刷りの手作りですよ。そういうふうに考えていくと、多分その頃担当していたのは『ヤング・インパルス』だけだったけど、1週間でやることはあったと言えばあったのかもしれない（笑）」

とりあえず、せっかくの日曜日を毎週朝から番組の準備と本番で過ごす20代だったわけだ。

本番では、ラジオ関東の深夜番組のDJでも人気を集めた、俳優の神《じん》太《た》郎《ろう》が司会を務め、

『ヤング・インパルス』の台本（上）と公開放送中のスタジオの様子

いくつかコーナーを織り込んだり、アーティストによっては司会との絡みも無しにするなど、柔軟な構成でアーティストそれぞれの個性を引き出した。

それにしても、生放送でなければならなかった理由は何んだろうか。

「もちろん、制作費をあまりかけられないという現実的な事情も基本にあったと思うけど、そのなかでどう攻めていくかと考えた時、番組を始める時点のスタッフは収録にしてしまうとライブの新鮮さが出せないと考えたんじゃないかと思うんです。生放送というのは、すごく緊張感があって、その中でやっていくのが醍醐味なんですよね。生放送の緊張感、臨場感を大切にしていくことで、新しいものとして出せるというか、空気を出せる、空気を伝えられる。それが、僕らもやっててすごく面白かったんです。生放送ならではのエピソードはいっぱいあるんだけど、それも含め、生放送ということをメリットとして押し出したいと思っていましたね」

「生放送ならではのエピソードはいっぱいあるんだけど」という、そのエピソードのなかには「やっちゃった！」ということも少なくなかった。例えば、泉谷しげる「黒いカバン」やなぎらけんいち「悲惨な戦い」、まりちゃんズ[※1]「ブスにもブスの生き方がある」などは、アーティストが歌った数日後にその曲を「放送禁止歌に指定します」というお達しが来たことがあった。それは住友たちにしてみれば愉快なことで、というのも収録番組ならその部分を加工／修正しなければいけないが、生放送だからそれは良くも悪くもどうしようもない

※1　まりちゃんズ
フォーク・グループ。実質的な活動は74～76年の2年間で、その間にリリースした曲のほとんどが放送禁止となった。95年に活動を再開。05年にはメンバーのうちの2人が「藤岡藤巻」というユニットでデビュー。08年には「藤岡藤巻と大橋のぞみ」というユニットでアニメ映画「崖の上のポニョ」の同名主題歌をヒットさせた。

ことだったからだ。

生放送という形を選んだのと同様に、公開という形、つまり客を入れて、その前で演奏してもらうスタイルにしたことも、番組制作者としてはわざわざ面倒のタネを作っているようにも思える。例えばフォークのアーティストのなかにも当時アイドル的な人気を集めていた人がいたから、そういう出演者の場合には少しでも前に座りたいという観覧者も少なくなかった。


そこで、何か騒ぎになったりするようなことはなかったのだろうか。


「そういうことはありませんでした。みんな、かなり整然とした感じで。テレビに映されるのが嫌だという人はわざと引っ込んでいたし。アーティストのほうも、暴れたり何かを壊したり、というようなことはなかったですね」

そうした収録の状況を振り返ったときに、住友があらためて思うのは、当時のアーティストたちのテレビというメディアに対する姿勢だ。

「テレビという、自分の表現を広く伝えられる場を、彼らのほうが今よりも大切にしてくれていたのかなという気がする。というのも、メディアに出ていくということがほとんどなかっただろうから。当時で言えば、フジテレビの『リブ・ヤング！』[※1]という番組もあったけど、そこに出られるアーティストは限られていたし、しかも短い尺でしか出られなかったから、アーティストにとってみればＴＶＫ『ヤング・インパルス』というのはとても魅力的な場だったと思うんですよね」

※1　リブ・ヤング！
フジテレビの若者向けのカルチャー情報番組。１９７２年４月〜75年３月放送。サディスティック・ミカ・バンドやガロ、キャロルなどのライブも紹介した。

『ヤング・インパルス』が画期的だったのは、決して広い支持を集めているとは言えない、それでも自分たちの表現をアピールできる場に飢えていた若き音楽家たちにいち早くその場を与えたTV番組だったからだが、そのことを番組スタッフはどれくらい意識していたのだろうか。

「基本的な考え方としてあったのは、出演者に表現の場を与えるということだったんです。その時間は自由に使ってください。どこでMCを入れてもいいですよ。曲はフル尺でどうぞ、っていう。当時はほとんどがシンガーソングライターだから、自分が伝えたいことを自分で書いて、曲をつけて歌うということですよね。そういうものだから、やっぱり歌全体を聴いてもらわないとわかってもらえないだろう、ということですよ。曲が伝えようとしていること、加えてそれを伝えようとしている作り手自身の人間としてのキャラクターまでをひっくるめて、見ている人にわかってもらう。そうでなきゃダメだ。見せる意味がない。僕らはそんなふうに考えていたんです。そういう現場は、出演する側にとってもスリリングなことだったと思います。その上で、彼らにとっても『ヤング・インパルス』は自分たちが表現したいものを伝えられる場であると思ってくれたから、他の番組には出ないようなアーティスト、例えばシュガーベイブや荒井由実（当時）、井上陽水といった人たちも出てくれたんだと思っています」

ここで住友が、楽曲の全体だけでなくその作り手の人間性まで含めて伝えるということの価値を重要視していることは見逃せない。「そうでなければテレビで見せる意味がない」とまで言うわけだが、それは90年代の『LIVE y』までずっと続く、彼の揺るぎない姿勢だ。ただし、当時の住友がより意識していたのはやはり、キー局に対するカウンターとしてのTVKのアイデンティティだった。

それを住友は、「もう1つのテレビ」という言葉で表現する。

「20分なり30分の場をアーティストに与えてます、と。それは、彼らがライブハウスでやってることのミニ版ということでしかないのかもしれない。渡した時間は自由に使ってくださいというのは、ある意味では乱暴なやり方かもしれない。それにしても、TVKは他のメディアとは違うことをやっているというのは間違いないことだったろうし、見ている側からしても、〝こんなもの、他のテレビ局は見せてくれない〟と思ったんじゃないかな。それはきっと次の日に学校で友達と話す話題になるよねっていう。〝もう1つの情報源〟になっていたと思うんです。「アナザー・テレビ」と僕は言ってるんだけど。もう一つのテレビであるべきだとずっと思っていたので、そういうことがそこですでに実現できていたんじゃないかな。予算がある／ないとか、そういうことは確かに大きいんだけど、そもそも「もう1つのテレビ」というふうに捉えてもらえれば、すごく嬉しいですね」

宇崎竜童との出会い

住友が『ヤング・インパルス』のディレクターを担当するようになったのは、先の彼自身の言葉にもあったように、入社してわずか2年目のこと。最初の生放送本番はあっという間に、あるいは訳もわからないまま、通り過ぎていったのではないかと想像される。だから、その最初に担当した回のゲストなど憶えていないだろうと思っていたのだが、彼は考えた末に、「かぐや姫[※1]だったんじゃないかな」と答えた。

「最初かどうか定かではないんだけど、自分のなかでものすごく印象深く残っているから、それが最初かもしれないと思ったのは、かぐや姫の回です。その時の自分はひとりで気負ってしまって、勝手に〝今回のテーマは日常の中の非日常だ！〟と思い込んだんですよ（笑）。それは多分、「神田川」を聴いてそう思ったんだろうと思うんだけど」

気負った住友は、かぐや姫のメンバーも入れて港の見える丘公園でロケを行い、演奏シーンにインサートするVTRを作った。当時ロケに使っていたのは、8ミリフィルムのハンディカメラだ。そのVTRは、「日常の中の非日常」というテーマを表現するのに柱時計の針が逆の方向に回転する映像を織り込んだりした内容で、音が喚起するイメージをいかに視覚化するかということに取り組んでいたという意味では、現代のMVに通じるものだと言ってもいいかもしれない。

※1　かぐや姫
南こうせつをリーダーとする3人組のフォーク・グループ。1970年に〝南高節とかぐや姫〟としてデビュー。シングル3枚とアルバム1枚を発表して解散。71年、伊勢正三、山田パンダと共に〝南こうせつとかぐや姫〟として再デビュー。73年、「神田川」が大ヒットを記録。その後も、「赤ちょうちん」「妹」「22才の別れ」「なごり雪」など数多くのフォーク・スタンダードを生み出した。75年4月、解散。

「演奏を生で見せればそれでいいじゃないかという話なんだけど、自分なりの見せ方をやりたかったんだろうね。その時の自分は青臭すぎるし、力み過ぎていて、空振りに終わってしまったかなという気がしたんだけど、それにしてもいつもとはちょっと違うものが作れたかなという意味で、鮮烈に記憶に残っているんです」

特別に力が入っていたのは間違いないようで、演奏シーンにＶＴＲをインサートするということは他の回ではやっていない。

「後にダウンタウン・ブギウギ・バンドがレギュラーになって、〝軍歌を歌う〟というテーマの特集で、メンバーが軍服を着て伊勢佐木町を行進する、横須賀の衣笠公園にある軍艦でメンバーが竹やりの訓練をするというロケをやったんです。その映像をインサートしたことがあるだけじゃないかな。テーマを考えるというのもゲストによってのことでした。かぐや姫の場合はもう、その時点でかなりビッグになっていたから、ちょっと違う感じにしたいなという気持ちだったんでしょう。それに、先輩が作った形がすでにあったわけだけれど、それに対して〝こういう形もあってもいいんじゃないか？〟というものを見せたい気持ちもあったと思います」

そういう当時の住友の奮闘ぶりを知っていたのか、笹原が興味深い推論を話してくれた。

「当たり前の話だけど、開局の当座から〝住友〟があったわけではないと思うんです。ＴＶＫで最初に音楽番組の演出をやっていたのは日本教育テレビから来た中川明という人で、

『ヤング・インパルス』には雑誌「平凡パンチ」[※1]の吉田弘という編集者がブレーンで入っていて、その人が「平凡パンチ」にどんどん記事を書いてくれたおかげであの番組の名前が世間に広がったという部分もあるんですよね。そういう環境の中で、住友は根っこはすごく真面目だし真っ当な人間だから、その姿勢でずっと音楽番組をやってきた、と。そうやって育っていったんじゃないかなあ」

確かに、住友は『ヤング・インパルス』という場で自分の色を出すために文字通りの試行錯誤を重ねるなかで、〝TVKの住友〟という人格を作り上げていったようだ。

「ディレクターになると、ゲストのブッキングとか、いろんな決定権が出てくるじゃないですか。そういうなかで、自分の世界を作っていくということを考えていたと思うし、実際そういうものは生まれてきたと思うんです。そもそも、人からこうやれ、ああやれと言われてやるのは、あまり好きじゃなかったし（笑）。自分の世界でやっていきたかったし、そうじゃないと自分の居場所がないんじゃないかという気持ちはあったと思います。特に、ゲストのブッキング、それに業界の人脈。それは、自分の世界でやっていきたいなと思っていました」

ブッキングが、自身の個性、そして他とは違う発想をアピールすることができる作業であることは間違いない。そもそも住友は、〝ちょっと変なテレビ局だな〟、〝気になるテレビ局だな〟と思われたいという気持ちをずっと持っていたし、加えて回を重ねるなかで出

※1 「平凡パンチ」
1964年4月、マガジンハウスの前身、平凡出版から創刊された男性向け週刊誌。66年には発行部数が100万部を突破し、70年代を通して集英社の「週刊プレイボーイ」と人気を二分した。

演者の中には何回も繰り返し出演する人が出てきた。それは単純に番組としてあまり良くないことだと思った住友は、奇抜なブッキングで番組に新しいカラーを加えていった。

「例えば、当時〝中年御三家〟と言われて人気になった野坂昭如、小沢昭一、永六輔のライブを3週連続でやったんです。野坂昭如も小沢昭一も決して歌が上手いわけじゃないし、永六輔に至っては全く歌わずにずっとトークだけの番組になってしまったんだけど(笑)。番組の精神から考えれば、こういうのもありかなと思って。企画ライブも、いろいろやってみました。荒井由実と小坂明子と乾宣夫[※1]さんというジャズのピアニストの共演をやってみたり、加山雄三とダウンタウン・ブギウギ・バンドのジョイント・コンサートを企画してみたり……」

ダウンタウン・ブギウギ・バンド、とりわけ宇崎竜童[※2]との出会いは自分にとってとても大きかったと住友は言う。

「番組最初のレギュラーはRCサクセションで、その次は海援隊、その次のレギュラーがダウンタウン・ブギウギ・バンドだったんですけど、その頃から多分、自分がディレクターをやるようになったんだと思うんです。ダウンタウンとの出会いは、自分にとってすごくいい出会いでした。そこから、次の番組企画もどんどん生まれていったし。最初に自分が担当したアーティストははっきりとは憶えていないけど、ダウンタウンの宇崎さんと出会ったということは自分の中ではすごく刻み込まれているというか、そこから自分の世界

※1 乾宣夫
ピアニスト。文化放送の深夜番組「パックインミュージック」のコーナー〝マジックピアノ〟で人気を集めた。ジャンルを越えて、弾き語りの名手としてマニアの支持を集めた。

※2 宇崎竜童
P58「Close Up Interview 1 宇崎竜童」参照。

がでていったというところはすごくあると思います」

住友が『ヤング・インパルス』のディレクターを担当することになった時点で、ダウンタウン・ブギウギ・バンドはすでに「スモーキン・ブギ」がヒットするなどして一般的にもある程度知られた存在だったが、住友が特に彼らの存在を強く意識したのはどういう経緯だったのか。

「ダウンタウンが青山のVAN99ホールで、つかこうへい[※1]さんの演出でやっていた企画ライブを何回か見させてもらったんです。例えば〝ダウンタウン・ブギウギ・バンド、ひばりを歌う〟とか〝ダウンタウン・ブギウギ・バンド、ブギウギを歌う〟とか。それを見て、宇崎竜童さんというのは多彩な才能を持っていて、引き出しのすごく多い人だな、この人と番組の企画をやったら、面白いだろうな、と思ったんですよ」

住友は早速、『ヤング・インパルス』へのレギュラー出演を求めた。実際に会って話してみると、宇崎の印象は外見から受けるそれとは対照的なものだった。

「見た目はサングラスをかけて不良な感じの人だったけど、話してみるととってもラフな感じの温かい人で、怖い人というイメージからすごく面白みを感じさせる人というふうに変わりました」

ダウンタウン・ブギウギ・バンドは、デビュー翌年の74年にリリースした3枚目のシングル「スモーキン・ブギ」がスマッシュヒット。75年には「港のヨーコ・ヨコハマ・ヨコ

※1 つかこうへい
１９４８年生まれ。劇作家、演出家。74年「熱海殺人事件」で当時最年少の25歳で岸田國士戯曲賞を受賞。82年には小説「蒲田行進曲」で直木賞受賞。70年代から80年代にかけて、ブーム的な人気を集めた。２０１０年1月没。

『ヤング・インパルス』出演時、フォークバンド時代のRCサクセション（上）とダウン・タウン・ブギウギ・バンドの宇崎竜童（下）

スカ」が大ヒットして『紅白歌合戦』にも出場した。さらに76年には宇崎が作曲を担当した山口百恵の「横須賀ストーリー」も大ヒットし、宇崎はヒットメイカーの仲間入りを果たす。もちろん、ダウンタウンも人気バンドとなり、東京のキー局に出演することも少なくなかった。それでもＴＶＫ出演の際に特別に何か注文をつけたりするようなことは一切なかった。

「バンド自体、とても存在感のあるバンドだったし、気持ちもとてもおおらかで、〝どう撮られても大丈夫。どうとでも撮りやがれ〟という感じだったんじゃないかな」

アーティストともに創り上げる快感

笹原が言う〝住友〟へと育っていった過程をもう少し探ってみよう。

住友は、どんな仕事なのかもよく知らないまま、ただただ憧れでテレビ局に入ったと言う。つまり彼は、自分が何を探しているのか、その時点ではまだ気づいていなかったわけだが、ＴＶＫの現場で、音楽番組の制作を通して、何を探しているのか、そしてその探しものの在り処を見出していくことになった。

「たまたま制作の現場に配属されて、やっぱり、これって面白いよなと肌で感じて……。

言ってみれば、テレビの世界の中で自分はどういうことをやっていくんだろうか？という探しものをしていくわけだけど、その過程で〝ここなんだよな、自分は〟と感じることが何回かありました。ものづくりの現場が自分は好きなんだよなって。苦しいけど、ね（笑）。しかも、それがたまたま音楽だったっていう。もちろん、音楽には面白い！と感じるものがあったからここまで関わってきたわけだけど。それにしても恵まれていたというか、運が良かったと思いますよ」

ものづくりの現場こそが自分の居場所だと自覚し、そういう実感を抱き続けていたならば、制作の現場に求めるものは局に入った頃よりもいっそう大きくなっていったはずだが、住友はどういったところに番組作りの醍醐味、面白みを感じていたのだろうか。

「僕の場合は、アーティストと一緒に番組を作っていくことで自分が育っていくという感じだったと思う。そういう気持ちをアーティストにも伝えていき、アーティストからもいろんなものを吸収する。カッコよく言えば、お互いに切磋琢磨するという精神で番組を作っていたと思います。そのなかで何か〝これだ！〟と思い知るような場面があったかどうかはわからないんだけど、とりあえずそういう気持ちでアーティストにも番組にも向き合っていたと思います」

ともに作ることで自らも育っていく。そうした感覚が生まれた背景として、彼のおかれた環境自体が新しく用意されたばかりの、これから形を成していく場であったこととも少なからず影響しているだろう。加えて、キー局に対するカウンターとしてアイデンティティを確立していくという当時のTVKの指向から、メインストリームのビッグネームではなくサブカルチャーの才人たちと向き合うことになったことも、住友には幸いだったに違いない。つまり、住友が立ち会ったものづくりの現場は、意欲と才能はあるけれど無名な人たちが集まり、互いを高めていく場としてあった、ということだ。

住友自身は、「一緒に作っていく場を持ち合うというようなことだったと思う」と話す。その「ともに作る場を持ち合う」という感覚は、この後の様々な番組立ち上げの局面でも意識されることだが、それは後述する。

TVKの独自性をアピールする上で横浜らしさを意識することの重要性を神戸での研修で住友が感じたことは、先に書いた。が、住友はそもそも山口・下関の人であり、広島の大学を出て上京してからまだ数年しか経っていない。頭ではわかっていても、実際の制作の現場で戸惑うことはなかったのだろうか。

「普通にやってても勝てないということはわかっていたから、東京の局にはできないもの、やらないもの、でも横浜ということでちょっと洒落たもの、進取性のあるものをやることのカッコよさが絶対必要なんだという感覚は、意識としてどんどん強くなっていったし、皮膚感覚としてもすごく感じていたから、そういうものをやらないと絶対ダメなんだという気持ちには自然となっていたと思う。それに僕は、下関から広島、そして横浜というお上りさんだから（笑）、都会の人にはバカにされたくないという気持ちもあったよね。都会の人に対する〝こんちくしょう！〟という気持ちもあって、そのあたりがうまくミックスされたんじゃないかなあと思います」

外からやって来た〝横浜ビギナー〟だったからこそ、見つけられたものもあったのかもしれない。

「どういうのが横浜っぽいかというようなことを最初から感じていたわけではなくて、いろんな気持ちがミックスされ、また現実のいろんな状況がミックスされるなかで結果的にというか、生まれてきたものが横浜らしかったんだな、と。東京とは違うもの、絶対に〝東京都横浜区〟にはならないという意識を、番組を通して表現することによって、それが横浜らしさに繋がっていったのかなという気がする。だから、最初から僕の中に横浜らしさがあったわけではないんです。確かに、ずっと横浜に住んでる人が気づかないような横浜の良さ、横浜らしさに気づくということはあったかもしれないけど」

ただ、そうやって自分なりの横浜らしさを見出しながら結果として約40年の間、横浜のテレビ局に勤めた住友だが、その過程でいわゆる〝横浜人〟になってしまうことを潔しとはしなかったというのも興味深い。

「僕のなかの基本として〝人とは違うものを〟という気持ちが育っていったというか、人と同じようにはやりたくないという気持ちが遺伝子的にというか（笑）、どこかにあって、それがTVKに入ったこととうまく結びついたというしかないような気がするなあ。カッコよく言えば、メインカルチャーよりもサブカルチャーのほうが面白いじゃないかっていう。ただ、メインをちゃんと見ていないとサブカルチャーは生み出せないわけだから。そういう意識のなかで自分の居場所を考えていたんじゃないかなという気がしますね」

横浜にあって横浜人となれば、それは横浜のメインカルチャーを生きることになるから、それでは面白くないということだろう。「東京のカウンターたれ」という立場をとるテレビ局で、サブカルチャーの才人たちと刺激し合うことを通して、彼のDNAに埋め込まれていたアンチ・メイン指向は掘り起こされ、そして彼の意識の柱となっていったのだ。

新しいディケイドに向かう

1976年9月、『ヤング・インパルス』は最終回を迎えた。

番組終了について、住友はこんなふうに説明する。

「『ヤング・インパルス』は4年くらいやったと思うんだけど、途中でニューミュージックという言葉が出てきた頃から、東京の局がそういうアーティストをどんどん取り上げるようになってきたんです。となると、逆にウチの存在価値というのはどんどん薄れていく。

だったら、ウチでやる意味がないなという判断があって、終わったということです」

1976年の年間チャートを見ると、因幡晃[※1]「わかって下さい」、荒井由実「あの日にかえりたい」、イルカ「なごり雪」といった曲が上位にランクインしている。そのチャートのもう少し下のほうに目をやれば、小椋佳[※2]やグレープ[※3]、バンバン[※4]の名前も見つけることができる。『ヤング・インパルス』が始まった当時はカウンター・カルチャーの1つと目されていたフォークは、その4年ほどの間により洗練され、あるいはより大衆化し、ニューミュージックとしてポピュラー音楽シーンのメインストリームに躍り出ていった。

住友はすでに、音楽がTVKにとって、そして自らを表現していく上での、大事な柱になることを見定めていたが、それは誰もが見知っているようなタイプのものではなく、むしろ間口は狭いかもしれないがある種の人々には強烈なインパクトを与えるというタイプの音楽である必要があった。そういう表現を提示していくことこそがTVKのアイデンティティなのだと彼は確信していた。

ちょうどその頃、ポピュラー音楽シーンのメインストリームの、そのど真ん中でヒット曲を量産していた宇崎竜童は、身のうちに抑えがたく存在する衝動にもっと忠実な表現に向かうことを考え始めていた。

『ヤング・インパルス』での共同作業を通して厚い信頼関係を結んでいた住友と宇崎が、80年代という新しいディケイドを迎えるタイミングで引き寄せあったのはごくごく自然な

※1　因幡晃
1954年生まれ。シンガーソングライター。75年、第10回ポピュラーソングコンテストに出場し、「わかって下さい」で最優秀曲賞を受賞。翌年に同曲でデビュー。

※2　小椋佳
1944年、東京都生まれ。71年にレコード・デビュー。70年代前半のフォーク・ブームをリードした。布施明「シクラメンのかほり」、中村雅俊「俺たちの旅」、美空ひばり「愛燦々」など提供曲のヒットも数多い。

※3　グレープ
さだまさしと吉田正美によるフォーク・デュオ。1973年にシングル「雪の朝」でデビュー。翌74年の2ndシングル「精霊流し」が大ヒットするも、6枚のシングルと3枚のアルバムを発表して、76年に解散。

※4　バンバン
ばんばひろふみを中心とするフォーク・グループ。1971年にデビュー。75年に荒井由実が作詞作曲を担当したシングル「『いちご白書』をもう一度」が

ことだったのかもしれない。

大ヒット。77年、解散。

Close Up Interview 1

宇崎竜童

Ryudo Uzaki

間違いなく『ファイティング80's』はロックをやったなと、自分では思ってるんです。

あの時点の日本のロック・シーンを全てと言っていいくらいカバーできたと思っているし、本当にあの時間は僕にとって貴重な時間だったなと感じています。

『ヤング・インパルス』『ファイティング80's』という番組を通して、住友利行と濃密な時間を過ごした宇崎さんに、その特別な時間のなかで感じたこと、考えたこと、そして受け取ったものについて語っていただいた。

宇崎竜童［音楽家］

東京都出身。1973年にダウン・タウン・ブギウギ・バンドを結成しデビュー。「港のヨーコ・ヨコハマ・ヨコスカ」「スモーキン'ブギ」など数々のヒット曲を生み出す。作曲家としても多数のアーティストへ楽曲を提供。阿木燿子とのコンビで、山口百恵へ「横須賀ストーリー」「プレイバック part2」など多くの楽曲を提供、山口百恵の黄金時代を築いた。76年 内藤やす子の「想い出ぼろぼろ」で日本レコード大賞作曲賞受賞。映画音楽では『駅 STATION』（東宝 81年）『社葬』（東映 89年）などで日本アカデミー賞優秀音楽賞受賞。舞台音楽では『ロック曽根崎心中』『天保十二年のシェイクスピア』（2006年）で読売演劇大賞優秀スタッフ賞を受賞。阿木と共に力を注いでいる『Ay 曽根崎心中』では音楽監督を務めている。ライブ活動、俳優等で幅広く活動中。2019年阿木燿子と共に岩谷時子賞特別賞受賞。

――宇崎さんは、『ヤング・インパルス』に出演される時には、その番組やTVKのことは知っていましたか。

宇崎　71年12月に結婚して、横浜に移り住んで。UHFというのがどんなものか知らなかったんで見てみようと思って、最初にチャンネルを合わせた時にやってたのが、『ヤング・インパルス』だったんです。ええっ⁉と思いました。あんな音楽番組、他の民放やNHKにはなかったから。キャロルとか出てるわけですよね。ウッチャン（内海利勝）が弦切ったの見てますから。それでとんでもないフレーズ弾いてて(笑)、「やっぱり生はきついなあ」と思ったし、それでもやってしまうプレイヤーがいて、それをそのまま流してしまうテレビ局があったということですよ。もしかしたら放送事故になってしまうようなことを、そのままドキュメンタリーとしてやっている。「これ、何⁉」と思いました。

――TVKという局自体も、他のテレビ局とはちょっと違う感じでしたか。

宇崎　武田鉄矢も『ヤング・インパルス』に出てましたけど、他の仕事で一緒になるとTVKの話をしてました。プレイヤーにとって、ありがたいというか、今で言うプロモーションということではなくて、もっと単純に知られたいという気持ちがやっぱりあるじゃないですか。それに応えてくれる局でしたよね。それから、当時『ヤング・インパルス』と並んで僕が気になっていた『海賊船P』という番組があって、それにも出してもらったことがあるんだけど、その司会をやっていたのが佐藤B作です。当時はまだ全然アンダーグラウンドですよ。あの時の佐藤B作を見て、現在のような存在になるとは誰も思わないと思う。それでも、あの人には何かあるなって、出してもらう僕らも感じたんですよね。何が言いたいかというと、TVKが起用する人はその後のステップアップをなんとなく感じ取っていたんじゃないかなあ。木村カエラもそうでしょ。僕がTVKから少し離れて、自分たちの勝手な活動をしている時にたまたまTVKを見ると彼女が出てたんです。「何⁉ この女の子」と思ってて、住やんに会った時に「今、木村カエラがすごいんだよ」という話を聞いて、やっぱりなと思ったんですよ。目の付け所というのが、旬のものを引っ張ってくるんじゃなくて、「こいつはきっと旬になるだろう」というのを、何の裏付けもなく（笑）、独特の勘みたいなもので引っ張ってくるんでしょうね。

――宇崎さんについては、VAN99ホールのステージを見て、「これは、多彩な才能を持った、引き出しの多い人だなあ」と思ったそうですが……。

宇崎　そんなこと、言われたことないよ（笑）。

――（笑）。宇崎さんの、住友さんの第一印象は？

宇崎　僕は、ダウンタウンをやる前にマネージャーをやってた時代が3、4年あって、その時期に「テレビ局のディレクターやプロデューサーというのはこういう感じだ」というう、ある雛形ができ上がっていたんです。だから、そういう人たちに対してはこういうふうに向かっていくという構えがあったというか、鎧みたいなものを着てる感じがあったと思う。その鎧を剥がせということを言ってくる人もいたし、それに対して「何言ってるんだ！」みたいな態度をとって干されたり、ということも経験したけど（笑）、住やんはそういう感じが全くしない人でした。ただ、すごくロックな人だなという感じもしない。どこがロック番組のプロデューサーなの？っていう（笑）。当時、ロックに携わっている人というのは類型的というか、長髪で汚れたジーパンにロンドンブーツ、みたいな感じだったし、逆にテレビ局のディレクターやプロデューサーはきちんとネクタイをして、みたいな感じだったけど、住やんはそのどっちでもない。どっちでもなくて、フリーな感じというか……。この人、ちゃんとビジネスマンなの？という感じで、でも不良でもなさそうだし……。

——他にはあまりいないタイプの人、という感じですか。

宇崎　そうだなあ……。そう！　今思うと、当時、住やんみたいなタイプの音楽評論家が多かったですね。音楽評論家にこういうタイプの人がいたな。フリーランスなんだけど、本人なりの目標があり、知識、音楽に対する思いをちゃんと持っていて、その上で、この人間を使おうとか、こういう番組をやろうって、そういう意志があるように見えました。ホントは、どうだったかわからないけど（笑）。

——『ファイティング80's』を始める経緯は？

宇崎　79年ですよね。多分、住やんから提案されたんだと思うんです。それに、僕自身も、

80年代というものにすごく期待をしていたんですよ。というか、音楽をやっているなかで俺たちが変えるんだという気持ちがあったんですよね。というのは、それまではヒット曲があれば100カ所くらいのツアーができてたんです。でも、それがすごくつまらなくなっちゃって。お客さんのためにやってるんだけど、そこに向けてサービスだけしていることが鬱陶しくなってきたのと、レコード会社からいろいろブレーキがかかるから……。

——1枚目から発売禁止になったりしてますよね。

宇崎　そうそう。だから、こちらがいろいろ忖度しながらやってたわけです。そのストレスみたいなものを発散したい、誰にも何も言われないためにはどうすればいいかなと考えて、じゃあ、それまでの曲を封印しよう、と。で、新しい80年代には俺たちが動かないと駄目だろ、と勝手に思ってた時に、「何かやらない？」という誘いかけがあったんです。それで自分たちのバンド名にも〝ファイティング〟と入れて、番組名が『ファイティング80's』。今思うと、「泥臭いなあ。それはないだろ」と思うけど（笑）。あからさまだもんね。ただ、本気だったんですよ。闘うぞって。体制、と言ってしまうと大袈裟な話になるけど、いわゆる音楽業界というか時代に爪を立てなくちゃ、という思いが双方にあったと思いますよ。

——番組を始めるにあたって、佇友さんは「番組のパーソナリティをやってほしい」という希望を出したそうですが、それは宇崎さんからするとリスクのあることだったと思うんです。宇崎さん自身は、そのオファーをどんなふうに受け止められましたか。

宇崎　『ヤング・インパルス』でも、ほとんどの人が知らないようなミュージシャンを出して、「この人、いいじゃん」と何度も思わせてきたスタッフの人たちが、また新しい番組で「このバンドをバックアップしたい！」と思ってやるわけだから、それは僕も一緒に応援しましょう、と。正直言って、全部のバンドを知ってたわけじゃないけど、番組のためというのもあるし、そのバンドたちの何か力になれればいいなと思って、引き受けたんです。

――スタッフを信頼していたからリスクは感じなかった、と？

宇崎　そうですね。もう1つ、僕が思っていたのは、「ロックというのはこれがカッコいいんだ！」という、それこそロックじゃないこだわりを持ってる人が多いんだよなということなんですよ。「ロックとはこうだ！」ということだわ

新番組
80年代の音楽ファンに贈る音楽のメッセージ
宇崎竜童の
ファイティング'80
1980年4月4日スタート
毎週金曜　PM 9:00～9:55
〈広報資料〉
TVKテレビ
TEL(045)651-1711

『ファイティング 80's』公式広報資料。1980 年の放送開始時のタイトルは『ファイティング 80』だったが、2 年目から 81、82……と変えていくのはよくないということで『ファイティング 80's』となった

りは、ロックじゃないと思うんです。それをぶっ壊したいという気持ちもあって。だから、「ファイティング道場」みたいなことをやらせてもらっていいかな、と。

――音楽とは全く関係ないことに挑戦するコーナーですよね。

宇崎 その真意を理解できない人間もいるわけですよ。うじき（つよし）なんて、最初はすごく拒絶していました（笑）。「ロックはこういうことやっていいんでしょうか?」と言うんで、「お前、馬鹿じゃねえか」と説教したことがあるんですよ。「これやっとくと、後になって絶対タメになるから」って。タメになるかどうかは全く自信なかったんだけど（笑）。例えば『網走番外地』という映画で、高倉健はすっごくカッコいい役を演じているわけですよね。でも、どこか笑わせるところがあるんです。健さんもそうだし、それからバイプレヤーの、例えば由利徹さんが出てきてチラッとおかしいことを言うんですよ。そういうふうに、すごく緊迫した物語にコミカルなシーンがポンと入ってくることでメリハリが効いて、カッコいいシーンが余計カッコよくなるっていう。『ファイティング80's』でも、レギュラーの人間がちょこっとバカなことをやるとライブがもっと生きると思ったんですよね。だから、大きな凧を作って体育館の中で走ったり、運河をゴムボートで渡ったり（笑）。それをみんながどれくらい理解してくれたかわからないですけど。

――一見バカみたいに見えることをロック・ミュージシャンがやるということ自体が1つのメッセージだったわけですね。

宇崎　今でも、「ロックはこうだ！」と思い込んでいる人が少なくないと思うんです。そういうなかで、あの番組は、何かを代表しようとしていたわけではないけれど、提示の仕方としては「ＴＶＫはこうですよ」と。当時、そういう番組をやっていることを他の民放のスタッフにお茶を飲みながら話しても、通用しないんですよ。それは、いろんな理由で通用しないんだろうけれど、１つには「そんなことは、メジャーのテレビ局がやることじゃない」という、それもまた当時のテレビ局の人たちの間違ったこだわりだったと思うんだけど。いろんなこだわりをはずしていって、笑いながら転げ回って、悶え苦しんで、ボロボロになって、それでも最後はパンと昇華していく。それがロックだと僕は思っていたから。間違いなくあの番組はロックをやったなと、自分では思ってるんです。あの時点の日本のロック・シーンを全てと言っていいくらいカバーできたと思っているし、本当にあの時間は僕にとって貴重な時間だったなと感じています。

――『ヤング・インパルス』も『ファイティング80's』もお客さんの前で演奏するということが１つのポイントになっていたと思いますが、そのお客さんについて宇崎さんは当時タウン誌のインタビューに、「ＴＶＫの番組に集まってくるお客さんというのは、キー局のお客さんと違って、無言の連帯感みたいなものがある」と話されています。今振り返ると、その空気感はどういうものだったと思われますか。

宇崎　まだロックがどういうものかわからない、というかまだ触れて間もない。そういうものを生で体験することによって「こういうことなのかな」と感じる。そういう感性を持った、〝ロック準備構成員〟みたいな（笑）。心にそういうものを抱えながら、工学院[※1]のホールに来ていたんだろうなというふうには思いますね。往復ハガキを出したら当たったから行こう、ではない。他の局の公録に来ているおじさんやおばさんとは全然違う人たちが来ているということはずっと感じていました。だって、無名のバンドのライブでも受け入れていたから。それは「ロックって何だろう？」とか、ライブというもの、それを一度に体感できる、吸収できる、そういう時間だと思うから。お客さんも、自分でなんだかわけがわからないんだけど、何かを求めて来てたんじゃないかな。あの場所に引っ張られていくというか、なぜか行きたくなっちゃう。そういう場をセッティングしたから、そういう思いを持った人が集まってきたんじゃないかなあ。そして、集まってくる人たちが学生なのかビジネスマンなのか、真面目なのかそうじゃないのか、そういうことは関係なくて、誰でもみんな来なよという気持ちがこちら側にはあったと思います。誰でも来ていいけど、来たらちゃんと受け止めろよっていう。

——『ファイティング80's』が終わることをどんなふうに伝えられたか憶えていますか。

宇崎　あれだけのセットを組んで、カメラをセッティングして、ゲストを呼んで、レギュラーの出演者がいて、それを編集して、1つの作品にして放送する。その裏側のことを、僕らは何も気にしていなかったからわからないんですけど、「あのさ、やめなきゃなんな

※1　工学院
現在の日本工学院専門学校のこと。当時は蒲田のみだった日本工学院専門学校のキャンパスはその後、北海道、東京・八王子にも開校。番組の収録会場となったホールは、現在の同校・蒲田キャンパスにあった。

いんだよね」という話が来た時に初めて、お金の問題、スポンサトの問題、会社の経営の問題、そういうことの全部が絡んでこれを持続できないんだろうなって。そういうことだと受け止めているから、残念だけど……。例えば……、茶髪にするという時代が東京や大阪からスタートした、と。最新ファッションの発信地と言われるような街から広がっていって、何年か流行が続くうちに北海道から沖縄まで学生さんはみんな茶髪、ホントに誰もが茶髪という状況になった時にはもう東京や大阪の最初に始まった街ではやってないですよね。『ファイティング80's』は、そういう役割かなと思うんです。みんなでゲリラ的に動いて、獣道を切り開き、トラクターかけて（笑）、一応整備するんだけど一車線だから、向こうからは来ないし、こっちからは行くけど後ろ見たらあまりついて来てねぇな、みたいな（笑）。そういう役割はちゃんと果たして、一応道はつくった、と。だから、残念だけど、終わってもいいのかなと思いました。

——場所は、中華街のいい店に一席設けて、というようなことではなかったんですか。

宇崎　いや、軽い立ち話だったと思うなあ（笑）。「あのさ……」という感じで。酔った上の話ってあるじゃないですか。何かが起きる時って、そういう「酔った上での話」みたいな遊び心が大事で、「これを、こうやって、こうやって……」みたいに理論で組み上げた企画書を今はみんな用意するけど、そういうものを必要としない関係だったと僕は思っているし、住やんはそういうものをあまり必要としていないプロデューサーだったのかなと思います。

——ちなみに、『ファイティング80's』を始める当時、並行してNHKの大河ドラマ「獅子の時代」の音楽を担当していらっしゃいましたよね。

宇崎　僕らからすると、最初にNHKから話が来た時点で「なぜ?」というのがあるわけですよ(笑)。何が良くて僕たちを使おうとしているのかよくわからなかったですけど、でも「お勉強ができる!」と思ったんですよね。画に合わせたり、言葉に合わせて、さらに言えば注文に合わせて○分△秒の音楽を作るというのは、大変だろうけどバンドにとってすごく勉強になるなと思ったから、お引き受けしました。同じ時期に、植木等さんと「花のステージ」という歌謡ショーの司会もやってたんすよ。しかも、レギュラー・バンドがうちのバンドっていう(笑)。つまり、そっちでも〝NHK壊し〟みたいなことをやってたわけです。そのNHKとTVKの振り子の幅が面白いですよね。UHF局と国営放送局を行ったり来たりするというのは、音楽業界というか芸能界のなかでも南極と北極を行ったり来たりしているようなものだから(笑)。ただ、それは自分の狙いとか目標とか、そういうことじゃなくて、すごく運命的なことであるような気がしたんですよ。その2つを同じ時期にやるというのはロックだな、みたいな(笑)。

第2章 ファイティング 80's STYLE

夜明け前のシーンに花火を打ち上げる

ダウンタウン・ブギウギ・バンドは1979年、その年の大晦日をもって、それまでのレパートリーを封印することを宣言した。

「80年を迎えるタイミングで宇崎さんがダウンタウン・ブギウギ・バンドにファイティングという言葉を入れて、もっと過激にやりたい、と。ついては、「住友さん、何か一緒にやらない?」という話になって。だったら、宇崎さんがパーソナリティーをやってくれて、尚且つダウンタウン・ファイティング・ブギウギ・バンドがレギュラーというのを基本的な形にできるのであれば、現実的に考えられるかもしれないという話をしました」

そうは言いながらも、住友は宇崎と新しい番組を始めることに決めていた。ただ、番組を立ち上げるには予算が必要だ。それをどうするか。当時の状況を客観的に見たとき、例えば79年には甲斐バンド「HERO〜ヒーローになる時、それは今」やツイスト「燃えろいい女」、桑名正博「セクシャルバイオレットNO.1」といったロックヒットが生まれていたが、それはいずれも大手企業のCMタイアップ曲であり、そのヒットを放ったアーティストが個別に支持を広げていくことはあっても、ロックがシーンとして広く大衆に受け入れられたわけではなかった。言い換えれば、ロック・ミュージックを全面的にフィーチャーした番組にスポンサーがつくほどの商品価値がロックにまだ認められていないことは明らかだった。

そこに手を差し伸べたのが、1978年にEPIC・ソニーをスタートさせたばかりの丸山茂雄[※1]だった。

「その頃ロックを中心にしたレコード会社なんて他には無いから、EPIC・ソニーと一緒に何かできないかなと思っていたんです。それで相談してみたら、一緒にロックを一生懸命育てようというような話になり、『ファイティング80's』の体制が整っていったわけです」

それに加えて、RCサクセションが従来のフォークからアグレッシブなライブを展開するロック・バンドへとモデル・チェンジを果たし、渋谷のライブハウス屋根裏[※2]で4日連続ライブを開催するという話も耳にしていた住友は、一般的な音楽シーンでもロックに対する注目度が高まってきている機運を感じていた。

宇崎がパーソナリティを務めるロック・ライブ番組『ファイティング80's』は1980年4月にスタートすることになるわけだが、それに先立ってその年の元旦に、同じく宇崎が司会を務める1時間の特別番組『これが全国ミュージックシーンだ！』を放送した。相手役は越《こし》美《み》晴《はる》[※3]、スポンサーには服部セイコー（現セイコーホールディングス）と日本航空という大手企業がついた。

服部セイコーは、開局当初からTVKの英語放送の番組をスポンサードし、特に76年に

※1　丸山茂雄
P140「Close Up Interview 3 丸山茂雄」参照。

※2　ライブハウス屋根裏
渋谷屋根裏は1975年創業。86年に下北沢に移転。97年には再び渋谷屋根裏がオープン。13年6月まで営業。RCはこの4日連続ライブでのべ800人を動員。数字的にはまだその程度だったとも言えるが、話題が話題を呼ぶようなステージを展開し、その後の人気に繋がった。

※3　越美晴
シンガーソングライター。1978年、シングル「ラブ・ステップ」でデビュー。83年にYENレーベルに移籍。細野晴臣プロデュースのアルバム『Tutu』を発表。89年、名義を「コシミハル」とカタカナ表記に変更。ポップスの世界だけでなく、様々なジャンルの音楽、さらには舞台表現に取り組んでいる。

始まった『THE WORLD TODAY』はウィークデーの夜11時から毎日英語で世界のニュースを即日伝えるという、当時としては画期的な内容で、企業の先進志向とTVKのオルタナティヴな特性が合致した好例と言えるだろう。加えて、時計業界では以前は大人のための高級品という位置付けだった腕時計が70年代を通じて大衆化が進み、その流れを受けて服部セイコーも79年に低価格志向で多様化する需要に迅速に応えるためのブランドALBAをスタートさせたばかりの時期だった。さらに、この特番のちょうど1年前、79年元旦の深夜0時からCM放送がスタートした甲斐バンド「HERO～ヒーローになる時、それは今～」とのタイアップは大成功を収めていた。当時の服部セイコーにとってロック・ミュージックを楽しむ若者層が重要なマーケットと目されていたことは想像に難くない。

一方、航空業界においても70年代は大衆化が加速した時代だった。70年のボーイング747日本就航に始まる大型旅客機の導入、78年5月の成田空港開港といったエポックメイクな出来事を経て、以前は「高嶺の花」と言われていた空の旅、特に海外旅行へのニーズが一気に高まり、成田開港前年の77年度には年間680万人だった国際旅客数が81年には5000万人に達した。

見方を変えれば、日本経済の黄金期と言われた1980年代は、すでに79年に始まっていたということなのかもしれない。この年、日本の社会制度や経済を高く評価したアメリカの社会学者、エズラ・ヴォーゲルの著書「ジャパン・アズ・ナンバーワン」がベストセラーとなったのも決して偶然ではないのだろう。

　そうした世の中の空気もおそらくは追い風にして、服部セイコーと日本航空という二大企業をスポンサーに付けた営業チームの奮闘に、住友は大いに驚かされたのだが、同時にそんな有名企業が2つもスポンサーについたことに刺激された局の人間や他の企業の意識がいよいよロックに向けられるであろうことが住友には何よりもありがたかった。この時すでに宇崎との間で新番組の話を進めていた住友としては、その新番組への注目度を高めるために派手な前煽りが必要だと思っていたからだ。

「宇崎さんは当時もうスターだったから、その宇崎さんが〝もうちょっとトンがりたい〟という気持ちでやる番組はきっと面白いだろう、と。だから、その番組のスタートを盛り上げるためにも何か打ち上げ花火的なことをやったほうがいいなと思っていたんです。加えて、僕としては音楽業界に向けて、またスポンサーに向けて「これからロックを盛り上げていきますよ！」という意思表明の気持ちも大きかったと思います」

　確かに、『これが全国ミュージックシーンだ！』は、作り手に明確な意図があることを感じさせる内容だ。埼玉のアナーキー[※1]、札幌の佐藤博之、仙台のHOUND DOG[※2]、沖縄の仲地のぶひで[※3]、神戸の泉洋次[※4]、そして東京のプラスティックス[※5]、カリフラワーという7組のアーティストをピックアップし、それぞれの地元での活動状況を取材するとともにライブ演奏も紹介している。新しい音楽シーンの盛り上がりを伝えようと思えば、東京と横浜のバン

※1　アナーキー
1978年結成。80年、シングル「ノット・サティスファイド」、アルバム『アナーキー』でデビュー。70年代後半、UKパンク・ロックの影響をストレートに表現した過激な歌詞とライブ・パフォーマンスで話題を集めた。80年代後半に活動休止状態となったが、2018年「亜無亜危異」名義で活動再開。P198参照。

※2　HOUND DOG
P152「Close Up Interview 4 大友康平」参照。

※3　仲地のぶひで
1953年、沖縄・宜野座生まれ。シンガーソングライター。88年、グラフィックデザイナーとして独立し、93年にはイラスト・デザイン事務所「イラステーション」設立。集墨画家としても活動中。

※4　泉洋次
プログレ・バンド「魔璃鴉（マリア）」のボーカルとして関西を中心に活動した後、79年に「泉洋次＆SPANKY」としてデビュー。代表曲に「光と影のバ

ドだけで構成するほうが地方のバンドを混ぜるよりも先鋭的なラインナップになる可能性もあったはずだが、そこで敢えて〝全国の〟という舞台設定を選ぶのが住友なのだ。

「当時から東京を中心とした中央集権という社会の状況があったわけだけど、東京ではなく横浜から全国に向けて発信するんだという思いをぶつけたかったということだと思います。はっきり言って、当時はまだロックに対する市民の理解なんて無いと言っていい状況だったから、宇崎さんの力も借りて、とにかくそういう番組をやらないとダメだろう、と。1つの突破口としてやったということだと思います」

住友が保存していた『これが全国ミュージック・シーンだ』の台本を見ると、前々日の12月30日にHOUND DOGなど3バンドのライブを収録、残りの4組は生放送の番組内で生演奏。大晦日からリハを進めて元旦の生本番を迎えるというスケジュールになっている。

「そのアーティストは何者なのか?ということはライブでしか伝えられないという気持ちがあったから」取り上げるアーティストは全てライブを紹介することが必須だと考えていたし、それぞれのバンドの地元の取材も欠かせない。ここでも、住友はライブとキャラクター紹介の二本立てという形を採っている。

営業的にも内容の面でも、この『これが全国ミュージックシーンだ!』は、十分な打ち上げ花火だったのではないかと思われるが、住友自身は大きな手応えを感じたというわけでもなかった。

ラード」や「狼よ一人で走れ」など。

※5　プラスティックス
1979年デビューのテクノポップ・バンド。P-MODEL、ヒカシューとともに「テクノ御三家」と称される。3rdアルバム『WELCOMEBACK PLASTICS』はイギリスのアイランド・レコードからリリースされ、海外ツアーを敢行。B-52's、ラモーンズ、トーキング・ヘッズらとも共演した。81年、解散。

『これが全国ミュージックシーンだ！』の台本。"The Music '80" のロゴイメージはそのまま『ファイティング 80's』に受け継がれている

「手応えというようなものはなかったと思うし、むしろ〝やるぞ！〟と言っただけという感じのほうが強かったんじゃないかなあ（笑）。周りは唖然としてた、という状況はあったかもしれないですね」

新番組のスタートは、４ヶ月後に迫っていた。

日本のロックをメジャー化させる！

新番組の内容に関して、宇崎から特に注文のようなものはなかったという。

「内容に関しては、お互いになんとなく青図は描いていたと思うけれど、基本的には僕に一任されていました。宇崎さんには、自分が先頭に立ってロック・シーンを確立していく、その旗印となってやっていくという覚悟はあったと思うんです。ただ、それはＴＶのようなメディアを通してやらないと簡単なことではないなという意識があったから僕とやっていこうと考えたんだと思うし、逆に僕が〝だったらパーソナリティを〟と言ったのは宇崎さんがスターだからですよ。宇崎竜童と言えば周りもわかってくれる、スポンサーもわかってくれる、という現実があったから、そこは〝悪いけど、利用させてもらうね〟という。だから、悪く言えば、お互いに利用し合ったということだったと思います」

ただ、番組の顔として様々なアーティストを紹介し、インタビュアーとしての役割も果たすというのは、それこそすでにスターだった宇崎には大きなリスクがあったのではないか。

「出演するバンドすべてを知った上で迎えるというのは現実的には無理なことだけど、宇崎さんは番組のことを思ってくれていたし、この番組からロック・シーンを作っていくんだという気構えもあったから。その頃、日本のロックの世界はまだアーティストがそんなにたくさんいるわけじゃないからブッキングに困ることもあったのは事実だし、出演する連中を見渡してみれば、はっきり言って玉石混交という感じでした。それでも、とにかくやっていこう、と。確かに、宇崎さんにとってはリスキーな面があったと思う。だけど、宇崎さんには覚悟があったし、やっぱりすごく大人だったなと思いますよ」

この番組からロックのムーブメントを作っていくという2人の思いを形にしていくには、やはり宇崎が〝番組の顔〟でなければならなかったのだ。

宇崎はその役割を十二分に果たした。どんなアーティストが登場してきても真摯に向き合い、その一方で〝ファイティング道場〟と題したコーナーでは当時のロック・ミュージシャンのイメージを突き崩そうとするかのようにバラエティ番組のような企画にも果敢に挑んでいった。

「釣りも行ったし、局舎の屋上でドミノ倒しをやったりもしたし、いろんなバカなことをやってもらいました。宇崎竜童と（アシスタント役の）うじきつよしのコンビは、最高に面白かったですね」

テレビを通して〝空気〟を伝えるために

『ファイティング80's』は公開収録。会場は、東京・蒲田にある日本工学院専門学校の大講堂ホール。放送は毎週金曜日午後9時から55分間。収録には毎回2組のアーティストが登場し、加えてダウンタウンが毎回2曲ほど演奏するというのが基本的なパターンだった。

住友は、客を入れての公開収録という形にこだわった。

「テレビを通して空気を伝えていくということの具体的な形としては、『ヤング・インパルス』と同じように、ライブということでないと絶対にダメだ、と。だから、300人ほど入る日本工学院専門学校の大講堂ホールを疑似ライブハウスに見立ててやったわけです」

結果としては、観客がすごく盛り上がる時もあれば、そうでもない時もあったという。それでも、とりあえず見てみようと、アーティストを温かく見守る感じの人たちが多かったと住友は話す。

「やっぱり、音楽が好きという、基本的な共通言語を持ってる人が集まっていたんじゃないかなあ」

宇崎も、当時のインタビューに答えて、次のように語っている。

「なんか知らない、エネルギーを感じるね、客に。……。見に来たやつらに、この何十分間かをさ、とりあえず支えてって、そしてそれを毎週無くさないようにしようぜっていうね、無言の連帯感みたいのがあるんじゃない」（「浜っ子」80年6月号）

出演者のブッキングは、「レコード・デビューしたアーティストを紹介していく」ということを基本軸として進めていった。その際に意識したのは、ネームバリューのあるアーティストと新人を組み合わせて、新人を見てもらうチャンスを作るということ。それは、TVプロデューサーというよりはライブハウスのブッキングマネージャーの感覚と言うべきものだろう。

「レコードを聴いたりライブハウスに見に行ったりして、最初の頃はとにかくスケジュールを埋めていこうという感じで、正直に言って、ブッキングに追われている感じはありました。それでも、当時活動していたバンドの80％くらいは網羅できていたんじゃないかと思います」

ちなみに、番組スタート当初の登場アーティストのラインナップは、第1回がRCサクセション、第2回がばんばひろふみ、第3回がアナーキーで第4回は松原みき、第5回がジョニー、ルイス＆チャー、そして第6回がシャネルズ。その後にも、スペクトラム、プラスチックス、HOUND DOGといった名前が並んでいる（巻末の出演者リスト参照）。

チューニングがロック、という感じ

開局当時はレコード会社やマネージメントのほうからプロモーションにやって来るということはほとんどなかったが、この頃になると徐々に住友を目当てにＴＶＫを訪れる人が増えていった。

「レコード会社2、3年目の社員がプロモーションをするにはちょっと畏れ多い、という感じが相当ありましたよ」

と語るのは、日本コロムビアのプロモーターとして当時のＴＶＫに出入りしていた松本哲也だ。ただ、その印象が一般的だったかと言えば、必ずしもそうではないかもしれない。というのも、松本は東京・日野市の実家で、ＵＨＦのアンテナを一生懸命動かして、何とか映るところを探しながらＴＶＫを見ていたという、マニア的な音楽ファンだったからだ。

「そんなことまでして見てた高校生はあまりいなかったと思います。当時はビデオがないから、オンタイムで見るしかないじゃないですか。地上波[※1]も音楽番組は全盛の時代とも言えますけど、ロックやブルースのアーティストが出る番組はなかったですから。ＴＶＫで

※1　地上波も音楽番組は全盛の時代
70年代後半、フジテレビ系には『夜のヒットスタジオ』、日本テレビ系に『紅白　歌のベストテン』、そしてTBS系には『ザ・ベストテン』という人気音楽番組があり、ヒット曲作りに大きな影響を及ぼした。

80年5月30日放送分の『ファイティング80's』よりシーナ&ロケッツのステージ。曲は「You May Dream」

見るしかなかったんですよ。レコードをどんどん買えるようなお金は持ってないから、そういう音楽の情報源はＴＶＫ以外にはラジオしかなかった時代です。あとは「新譜ジャーナル」[※1]とか「MUSIC LIFE」[※2]とか、そういういくつかの音楽誌ですよね」

　初めて住友に会った時、松本は心の中で「この人が、あの住友さんかあ」と思ったそうだ。

「プロモーションをする甲斐のある媒体だったというのはもちろんそうなんだけど……」

と、渡辺音楽出版の宣伝担当としてＴＶＫにプロモーションに来ていた藤井和貴は当時を振り返る。

「それ以上に印象に残っているのは、ゲストに出て、その帰り道に〝出てよかったな〟と思えるような雰囲気ですよ。音楽を好きな人がやってる感じというのは、ミュージシャンは番組に出てて肌で感じるわけだから。そういうのって滲み出るように出てくるものだと思うんだけど、そういう感じが当時のＴＶＫの音楽番組にはあったと思うんです。それが住友さん個人の匂いなのか周辺の人まで含めたものだったのか、それはわからないけど、当時のロック・ミュージシャンはとにかくあそこに出て居心地がよかったんじゃないかなあ。売れてるから呼んだ、みたいな感じもないし。ホントに、チューニングがロックという感じで」

　芸能プロダクションの最大手であった渡辺プロダクションは、もちろん東京のキー局の番組に自社のアーティストをブッキングするルートを持っていたし、実際ここぞという時

※1 「新譜ジャーナル」
1968年9月、自由国民社が創刊した音楽雑誌。洋楽中心だった雑誌メディアのなかでいち早く邦楽を扱い、60年代から70年代のフォーク／ミュージックの流れをフォローした。89年、休刊。

※2 「MUSIC LIFE」
1937年に流行歌を紹介する雑誌として創刊され、休刊と復刊を繰り返した後、60年代に米英のロック／ポップスに特化していくなかで支持を広げ、70年代にはクイーンやチープ・トリック、ジャパン、さらにはベイ・シティ・ローラーズといったバンドが、この雑誌を起点にブーム的な人気を集めた。98年、休刊。2018年、ウェブサイトで復刊した。

にはそういうプロモーションを行ったはずだが、ＴＶＫへの出演はそれとは意味合いが違っていただろうと藤井は話す。

「例えばフジテレビに出るとすぐ売り上げに跳ね返るけど、当時のロックやポップスのプロモーションは積み上げていくしかなかったし、積み上がるものだと思っていたし。だから、出演する側からすると、ＴＶＫに出てすぐに人気が出るなんてことは思ってなかっただろうと思いますよ。それよりもテレビに出たいという気持ちが大きかったんじゃないですか。だって、他になかったんだから。しかも、キー局は1曲しか歌わせてもらえないけど、ＴＶＫは5曲くらいやらせてくれて、ライブみたいな感じでやれるから」

　70年代後半から80年代にかけての時期にロック／ポップスをプロモーションする側から見たＴＶＫというメディアについて、日本フォノグラム[※1]でキャロルの宣伝を担当し、ＥＰＩＣ・ソニーではTHE MODSの宣伝を担当した藤澤葦夫はこんなふうに説明する。

「乱暴に言えば、出ないよりは出たほうがいいという話ですよ。しかも、ワイドショーみたいな番組ではなくて、演奏して聴かせる場を作って撮ってくれるところがあるんだったら、それは出ますよっていう。視聴率なんて取り沙汰するのはおこがましいし、それよりも出ていく場にロック的なたたずまいを作って欲しいなという気持ちだったわけだから。ＴＶＫの場合、番組に出るとは言っても、当時は基本的にはライブじゃないですか。それをしっかりやらせてもらえて、なおかつそれが放送されるという。そういう場があるとい

※1　日本フォノグラム
オランダのレーベル「フィリップス」と日本ビクター、松下電器の合弁会社として1970年に設立されたレコード会社。キャロル以前には、ザ・スパイダースやザ・テンプターズといったグループ・サウンズの人気バンドが所属し、また少女隊やあみんのヒットも生み出した。95年にマーキュリー・ミュージックエンタテインメントに社名変更し、2000年にユニバーサルミュージックに事業を譲渡して解散。

うのは、ロック系のアーティストにとってはすごくありがたいですよね」

そして、一般の視聴者にとってのＴＶＫとは「例えば学校のクラスでオピニオン・リーダーになるような人がチェックするポイントの１つだったんじゃないか」というのが、藤澤の分析だ。

「口コミのポイントというか。影響力のある人、常にアンテナを敏感に張り巡らせてるような人がチェックするポイントというのが、いつの時代にも必ずありますよね。それが当時は『ファイティング80's』だったり、雑誌で言えば「シティーロード」[※1]だったり。もっと昔で言えば「平凡パンチ」の音楽ページだったり。そういう空気を、僕らプロモーションする側はなんとなく感じていて、だから住友さんがやっている番組を大事にしたんですよ。大事なのは、視聴率ではなくて口コミの素。それは、本当に非常に大事なんです。宣伝にとっては。逆に言うと、宣伝マンというのは、そういうところを目敏く見つけて、そこにプロモーションに行くのが仕事だったんです。まあ、ＥＰＩＣはそういう人にしか相手にされなかったというところもある（笑）。そういう人や媒体は、たいてい面倒くさいんだけど、そういう人に会いに行くのが楽しいということもあるんですよね」

※1 「シティロード」
1971年、「コンサートガイド」の名で創刊された情報誌。75年、「シティロード」に改名し、月間の情報誌として映画、演劇、音楽、さらには美術、スポーツ等を扱い、独自の視点に基づく情報選びやインタビューで人気を集めた。92年、休刊。

若き日のロックスターたちがここに

藤澤が担当していたTHE MODSは81年6月にデビューしたが、それより早く81年1月から『ファイティング80's』にレギュラー出演し、東京、神奈川はもとより、『ファイティング80's』が放送されていた地方でも急速に知名度を高めていった。

住友にとっては、彼らが高知で人気を集めたことがとりわけ嬉しかったらしい。

「高知にはPARCOが進出していて、〝高知というのは先取性のある県なんだな。やっぱり、そういうところには受け入れられるんだな〟と思ってね。すごく嬉しかったなあ」

THE MODSの前、番組スタート時からレギュラー出演していたのは佐野元春[※1]だ。

住友は、自身のバンドに〝ファイティング〟という言葉を加えて、より先鋭的な表現に向かおうとしていた宇崎の気持ちに強く共感していたが、番組作りにおいてはその意識だけでは一般の視聴者に広がっていかないと考えていたので、そこに加えるもう1つの要素として佐野の音楽が持つポップなきらめきが絶対に必要だと思ったという。

佐野のデビューは80年3月21日で、番組の第1回放送がその約2週間後の4月7日。デビュー後の初ライブもこの番組の収録として日本工学院専門学校のホールで行われた。そして、当時のテレビ番組としては画期的なことだが、彼のライブ活動を後押しすることにも取り組んだ。

※1　佐野元春
P130「Close Up Interview 2 佐野元春」参照。

「番組が始まった年の6月から、ライブ動員をもっと増やそうということで、イベンターとも相談して、今はもうないんだけど、元町にあったサンドイッチハウス船来屋というところで無料のライブを定期的にやりました。詰め込めば100人くらいは入ったかもしれないけど、だいたいいつもそんなには入ってなかった。せいぜい20〜30人くらいだったと思う。ステージも無い、フラットなスペースですよ。でも、そこは2階が産婦人科の病院で、演奏してると音を下げてくれというクレームが入ったりするので、泣く泣くそこからは撤退したんです。そういうことも含め、テレビを通して彼のライブの魅力を伝えるということはなかなかうまくやりきれなかったところはあるんだけれども、彼自身は地道にライブを重ねていくなかで自分のスタイルを作っていきましたよね。横浜の桜木町に教育会館という、キャパが500のホールがあって、80年10月にやった初めてのワンマンはそこを一杯にすることができたんですよ。彼がライブに対して自信を持ってやっていく契機にはなったと思っています」

ただ、「契機」というのはかなり控えめな表現であって、佐野にしてもTHE MODSにしても、『ファイティング80's』、そしてTVKが彼らにもたらしたものはその後の大きな成功に真っ直ぐに繋がっていると藤澤は言う。

「ライブハウスでのライブとTVKへの出演が、後の渋公や野音につながるということに後付けだけど、気づくんですよ。やってる時にはまだわかってなくて、〃やっと野音、売

81年1月2日放送分の『ファイティング80's』より。THE MODSのステージ

り切ったよ〟という感じなんだけど、後になって考えるとＴＶＫでやってたことと日々のライブ活動がそういうところにつながってくるんだな、と。佐野元春にしてもTHE MODSにしても、住友さんとやったことは間違いなく大いなるステップアップにつながってますよ」

興味深いのは、ＴＶＫへの出演と日々のライブ活動がしばらくして効いてくるという指摘だ。藤井が先に話していたように当時のロック／ポップスのプロモーションは然るべき時間をかけて積み上げていくものであり、しかもそれはライブの現場でこそ積み上げられていくべきものだったということだろう。

佐野やTHE MODSといったレギュラー出演組とは別に、住友が特に意識していた2組のバンドがあった。ＲＣサクセションとサザンオールスターズだ。

「彼らがロック・シーンの牽引者になってほしいという気持ちはありましたね。彼らがどんどん大きくなっていくことでシーン全体が大きくなっていくということがあると思っていたし、そういう存在としては格好のキャラクターだった。サザンは、アルバムが出るたびにブッキングしていたんだけど、ある回では宇崎さんと共演して、宇崎さんが「Dear Mr.K.K.」、桑田佳祐は「Hey! Ryudo」という曲をやったんです。それはすごく印象に残るステージで、そもそも桑田は宇崎さんのことをすごく尊敬していたし、宇崎さんは桑田のことをすごく買ってたから。忌野清志郎という人は、はにかみ屋さんというか決して多弁

『ファイティング80's』のステージに上がるRCサクセション。下は忌野清志郎と仲井戸"CHABO"麗市のツーショット

な人ではないから、日常的にどの程度親しかったかはわからないけど、宇崎さんは桑田佳祐と並んですごく好きだったみたい。出演者のインタビューは宇崎さんが全部やってたから、そこでのやりとりはあったわけだし。お互いにリスペクトしていた関係だったと思うよ」

そして、ここでも住友が重要視していたのはライブの魅力とメンバーの人間性の両方を伝えるということ。それは、こんな発言からもうかがえる。

「印象に残っているのは、アナーキー。収録の現場では、あのライブを見て当然のことながら客がみんな引いてるわけ（笑）。ただ、番組上ではバンドを紹介するなかでメンバーのお父さんとお母さんに出てもらったんだけど、その二人がすごく優しくていい人で、そのご両親の素敵な感じと彼らのステージの凄さのギャップを埋める何かを客に感じさせられたら大成功だなと思ったんだよね」

加えて、住友のなかではもちろん東京のキー局に対するライバル心が燃え盛っていた。

「僕らが『ファイティング80's』をやってた頃、日本テレビは渋谷公会堂で『歌のトップテン』という番組をやってて、TBSは『ザ・ベストテン』という番組をやっていたわけですが、そういう番組から例えば「ダンシング・オールナイト」が大ヒットしたもんた&ブラザーズや、「いとしのエリー」が大ヒットしたサザンオールスターズに出演の打診が事務所に来るわけです。そこで、事務所が僕らとスケジュールを調整して、『ファイティ

80年4月18日放送分の『ファイティング80's』よりアナーキーのステージの様子。曲は「ノット・サティスファイド」

ング80's』の収録日に、そういう番組の出演を合わせるんですよ。事務所としても、テレビ局のスタジオや歌謡曲の客の前でライブを見せるよりも、ロック番組のライブ収録会場で見せるほうがアーティストのカッコよさが伝わると考えていたから。で、『ファイティング80's』の収録を終えた後の現場から、そういう番組の中継をやって、〝『ファイティング80's』の収録現場、日本工学院から〟というテロップを入れてもらったりしていました」

音楽番組である以上にドキュメンタリー番組であるという基軸

『ファイティング80's』での住友はプロデューサーという立場をとり、番組のディレクションは同期の笹原に任せていた。

笹原は、第1章にも記した通り、入社してまもない時期からディレクターとして番組を担当し、さらには社外の仕事も手がけるようになっていた。つまり、ディレクターとしてすでに独り立ちしていたわけだが、だからこそものづくりに取り組む人間が誰しも行き当たる「自分はこの仕事に向いているのか?」という疑問に行き当たっていた。

「今から振り返るとそういうところは全然成長がないなと思うんですけど、形で考えてしまうところがあるんですよ。例えば編集していて、〝インタビューは30秒だな〟と尺で考えたりね。話の中身が面白いからもっと長くてもいいやとは考えずに、この間インタビューに1分使ったら保たなかったから、これからは30秒にしなきゃいけないというふうに、形でまず考えてしまうところがあったから、感性としてこの仕事に向いていたかと言えば、そうじゃなかったかもしれないとは思います」

『ファイティング80's』を担当することになったのは、ちょうどそういう葛藤を感じ始めていた時期だった。『ファイティング80's』のディレクションを担当することになったのは、住友からの指名だったという。

住友が彼にディレクションを任せたのはどういう考えだったのか？

「宇崎さんとの話で、僕は番組の大きな方向性を考えていく役割になったということもありますが、一番の理由は単純な話です。演出は僕がやるより笹原がやったほうがいいと思ったからですよ。僕らがやってきたことはいつでもそうだったけど、初めてのことばかりで、教科書的な考えや常識に囚われていたら、新しいものなんて生み出せない。その時にやろうとしていた番組は特にそういうものでないといけないと僕は思っていたから、だったら演出は笹原だな、と」

もっとも、新番組に対する自分のなかのビジョンを細かく伝えることを住友はしなかったようだ。おかげで笹原は、いわゆる音楽番組を作る気持ちで制作に臨み、そして1回目の放送で快い衝撃に打ちのめされることになった。

1992年に作られた、TVK開局20周年記念パンフ「保存版ミュージック共感史」に寄せた文章で、笹原は「FIGHTING 80's は音楽番組ではあったが、同時に、またそれ以上にドキュメンタリー番組だったのです」（原文ママ）と書いている。

「もちろん、1つひとつの楽曲を、そしてアーチストをTV番組として視聴者に届けるわけだけれど、それ以上に会場の熱気、盛り上がりをあのままに映し出して伝える。これがFITHING 80's だった。

番組のいわゆる〝効果〟としての、またアーチストをノセる道具（演出）としての観客ではなかった。興奮し、汗を流す観客もアーチストとともに番組を構成していた。観客自体が制作者側からいうところの〝番組素材〟だったのです」（原文ママ）

こう記した時点から30年の時間を経て読み返した笹原は、「カッコいいことを書いてますね」と言って、照れ笑いを浮かべた。

「でもこれは、本当のことを言うと、スタートからそうだったわけではないです。始まる時には、僕はいわゆる音楽番組だと思っていたから、あらかじめカット割りをして、「最後の曲の時にはステージにドライアイスを撒いてくれ」という注文も出していました。ところが、始まってみるといきなり客が全員立ち上がって、ステージ前は大密集状態になったわけです。カメラの前にもお客さんが立ちはだかってしまって、どのカットも使えないから、僕が中継車から「カット割り無し！ アドリブ！」と怒鳴ったんです。そしたら、カメラマンの1人はアドリブと聞いたから台本を自分のカメラのレンズ前に立ってる客に放り投げて、「座れ！ この野郎！」とこれまた怒鳴り（笑）、それで視界が開けたので、僕が「カット割りに戻ろう」と言ったら、「もう戻れないよ！」とカメラマンが言ってきたのを憶えています。そういうこともありながら1回目の収録をやって、そこでわかったんじゃないかなあ。これは音楽番組ではなくてドキュメンタリーだ、と。聞いた話ですけど、60年安保の時にデモ隊と機動隊がぶつかったところをどこかのラジオが中継していて、アナウンサーが「私は今、殴られております」とレポートしたという話がありますよね。それと、イメージが重なった感じはありました」

笹原が言った60年安保の時の中継というのは、1960年6月15日、安保条約に反対するデモ隊が国会に突入し機動隊と衝突した状況を、ラジオ関東の島碩弥アナウンサーが伝えた放送のこと。その時、島は「只今実況放送中でありますが、警官隊が私の顔を殴りました」と伝えた。笹原もまた、無形の棍棒で精神を殴打されたのだろう。

それにしても、たった1回の収録で番組の根本を方向転換してしまった、その判断には驚かされる。

「それが許されていたというところがすごいですよね（笑）。他の局だったら、どういう番組かということは前もってよく検討し、しっかり話し合って、イメージとして出来上がったものを、その通りに作っていくという進め方になるわけじゃないですか。ところが、1

回やってみて、こっちのほうがいいと思ったら、それがやれてしまうというのがＴＶＫらしいというか……。その頃はまだそういう感じが残っていたということかもしれない。まあ、柔軟というか、いい加減というか……（笑）。それだけ、1回目の収録のインパクトが大きかったということでしょうね。あの時点で、客をおとなしくさせて、普通の音楽番組に戻そうよという意見は誰からも出なかったなあ」

そして、2回目以降も、「これはドキュメンタリーなんだ」という大枠の方向性に修正が検討されることはなかった。

「起こっていることを映し出すためのより良い方法はどうなんだろう？　ということを、技術スタッフと話したことはありましたけどね。彼らも1回目の現場を見て盛り上がってくれたんだと思うんです。だから、例えば無料でＥＮＧ[※1]のカメラを出すと言ってくれて、だったら、そのカメラはずっと客を撮ってみようなんてことをやってみたり、途中からステージの真ん中に出べそを作って、その下に煽るカメラを置いたらどうだろう？　とか。そういう方向で、演出のイメージがだんだん膨らんでいきました。それから、2回目からはカット割りするのをやめたので、音合わせを2、3曲聴くだけでカメリハも無しになりました。音資料はあらかじめみんなに配ってありますから、あとは本番を中継車のモニターで見て、「これ、これ」と切っていくっていう。そのためには曲を全部、頭の中に入れておかないといけないですけど、そうすると「次はドラムが一発入るな」とわかるから、中継車で「ド

※1　ＥＮＧ
Electric News Gathering。ニュースに限らず、テレビ番組全般の素材として、ビデオカメラとビデオテープレコーダーを使って映像と音声を収集／取材するシステム。日本では、1960年代半ばから70年代にかけてこのシステムが導入され、テレビ番組制作の機動性、速報性が飛躍的に高まった。

ラム！」と怒鳴ればカメラの誰かが必ずドラムに行ってくれる、という関係までできていきました」

『ファイティング80's』で生み出された独自のスタイルを、住友は「カメラマンとアーティストの直接対峙」という言い方で説明する。

「歌謡曲とは違ってロックだから演奏するたびにみんな動き方も違うので、リハーサルでは、カメラマンはバンドの動きを見てるだけ。カメリハは無し。やっても意味がないから。カメラマンも、アーティストと直接対峙していくというか、ぶつかっていくというか。バンドによっては、ボーカルがカメラに自分から寄ってきて遊んだりすることもあったりして、そういう面白さを彼らも感じてくれたんじゃないかなあ。そういうなかからＴＶＫのオリジナルな映像スタイルというものの形を作っていけたと思っています」

頼りになる仲間は、東京・蒲田にいた！

ここまでの話からも明らかなように、住友が言う「オリジナルな映像スタイル」は彼や笹原だけで作り上げたものではない。回を重ねるなかで自然とメンバーが固定化していったという日本工学院専門学校・技術スタッフ・チームの熱意とセンスがあってこそだと思われる。ただ、そのメンバーは特に音楽番組を指向していた人たちではなかったというのも面白い。

「うちにはテレビ制作室という部署がありまして、いわば技術部ですけれども、中継車を持っていて、学校のプロモーションとしての意味合いもあり、テレビの番組制作をやっていました。当時はテレショップという番組企画が流行りかけていたので、そうした内容を中継車を使ってやっていこうという方針で始まった部署です」

　そう説明するのは、番組の音声を担当した阪本利晴だ。テレショップというのは、現在で言えばショップチャンネルのような内容と考えればいいだろう。様々な商品の販売を番組内のコーナーとしてやるのだが、それをスタジオではなく、いろいろな場所に出向いて生放送でやってしまう。出かけた先の中継と合わせて、そこの名産品などを売ってしまおうというわけである。阪本も、その収録で経験を積んだ。

「私は、ホールの技術アシスタントとして採用されたのでホールに専従するんだろうと思っていたら、採用されたのがその中継車を作った年で、だから中継の仕事で日本全国に行ってました。当時は、カメラ、音響まで含め20人くらいスタッフがいて、学内に編集室もあったんです。そこは編集とＭＡ[※1]、それにフィルムの処理もできる、当時としては最先端の設備を備えていて、ＶＴＲ[※2]はアンペックスのＡＶＲ－１という、当時１億円くらいしたと思うんですけど、それが入ってました。撮ったものを編集するだけではなく、東洋現像所[※3]

※1　ＭＡ
Multi Audio。映像編集後の音声編集作業を意味する和製英語。

※2　ＶＴＲ
Video Tape Recorder の略。

※3　東洋現像所
１９３２年に京都・太秦に開設された極東フィルム研究所に始まる。42年、東洋現像所に社名変更。フィルムの現像だけでなく、フィルム映像をテレビジョン信号やビデオ／ＤＶＤに変換するテレシネ、映像の色彩を補正するカラーコレクション、さらには映像の編集、ＭＡなどを行い、数多くの名作映画、人気テレビ番組のポスト・プロダクション、すなわち撮影後の作業全般を担った。

像所（現IMAGICALab.）みたいに、もう少しコアなものもやれるようにということで作られた編集室でしたから、編集だけの仕事もずいぶん請け負っていました」

当時は日本テレビからの依頼が中心で、スポーツをはじめ様々な中継を担当して、「番組のロケで地球1周半くらいさせられましたよ」と、坂本は苦笑まじりに振り返る。

「なんでもできないとダメな時代でしたから。スポーツの中継もやれば劇場から芝居の中継もやったし、「ウィーン少年合唱団のコンサート、録ってこい」とかね。1人で行かされるんですよ。ハワイの海岸で、波の音を収録したり（笑）。今ではちょっと想像できないくらい、いろんなことをやりました」

日本工学院専門学校のある蒲田という街は、ダウンタウン・ファイティング・ブギウギ・バンドが「鶴見ハートエイクエブリナイト」で歌った鶴見から京浜東北線で2駅、10分もかからない。横浜からも5駅、各駅停車でも20分かからない距離にある。東京とは言っても、TVKの地元と言ってもいいような、そして独特の猥雑さを感じさせてロック番組の収録には似合いと思えるところだ。しかも、この学校なら収録会場と技術スタッフと編集室をまとめて頼める。常に予算的な制約を抱えていた住友には、またとない場所だったろう。

迫力優先、臨場感優先、現場で作り上げられていくスタイル

住友は収録の体制について、最低限の編成ではあったけれど、やりながら自分たちのスタイルを確立していったと振り返る。

「カメラは、具体的には3カメ＋1ENGというフォーマットだった。予算が限られていたのはいつものことだけど、それでも最低3カメは必要だ、と。そこに編集でインサートする映像を撮るENGを1台入れるという、非常にシンプルな形です。最初から、上手《かみて》、下手《しもて》、センターの3台にENGがステージ上、という体制だったと思う。ただ、上手のカメラも下手のカメラもハンディだから、ステージ下、ステージ上と縦横無尽に動き回っていた。そういうことも含め、やりながらオリジナルのスタイルを作っていきました。カメラマンがアーティストと対峙すると言ったけど、カメラマンはその場その場をカメラで切り取っていく、ドキュメントしていくというものとして捉えていたから」

とすると、その切り取った映像のなかからどのカットを選んでオンエアしていくのか、ということがいよいよ重要になってくる。スイッチングと言われるその役割を、番組のスタート時から担った依田幹雄の話を聞いてみよう。

まず、依田がスイッチングを担当することになった経緯も含め、収録の体制について。

「住友さんの話を聞いて、スタンダードのカメラが4台にハンディ1台の5カメ、そのスイッチングで収録という体制にしました。その上で、同レベルのスタッフがいっぱいいましたからスイッチングは誰がやっても良かったんですけど、たまたま僕がやるようになったんです。多分どこの局でもそうだと思いますが、基本はカメラマンをやっていた人間がスイッチャーになるのがパターンでした。いきなりスイッチャーになるわけではなくて、〝絵ごころ〟と言いますか、カメラで絵を作ることがわかるようになってから、スイッチを切っていく、絵を選んでいく役割を担当することになっていったわけです。カメラマンのなかにはスイッチャーになりたがらない人間もいるんですよ（笑）。自分で撮るのが好き、というタイプもいますから。スイッチングで収録する場合、各カメラのアングルは基本的には決まっていますし、しかも今のようには動けないですから、ほぼ固定と言っていいです。そのアングルのなかでいい絵を狙っていくということになる。だから、唯一動けるハンディ・カメラにはやっぱり技量のあるカメラマンを充てることになりますよね。逆に、1人くらいは若いコがカメラマン・チームに入ることもあって、そのコには最初は、フィックスでいいからと言っとくんです。それでも、だんだん乗ってくるとズーム使おうかと煽ったりもして。そうやって経験を重ねるなかで〝出世〟していく（笑）、カメラマンもいました」

1バンドのステージはだいたい30分ほどだったそうだが、「それはホント、30分一本勝負！みたいな感じでした」と、当時を思い出す依田の表情が一瞬引き締まった。

「一応、1回リハーサルはやるので、そこでだいたいの見当をつけるんです。リハーサルの時、カメラマンはみんなレンズを覗いて見るということはあまりしていないんです。直接ステージを見ていて、こんな動きをするんだなと。まさに、見当をつけるわけです。カメラマンも見当をつけるし、ディレクターも見当をつけてくる。その上で、アドリブで個々のメンバーを抜いたりしていくっていう。そうやると、その時々に起こったことを撮っていけるじゃないですか。今みたいに……、アイソレーション[※1]と言うんですけど、個々にカメラが回ってるわけじゃないので、後に残るのはスイッチングされた映像だけなんですよね。いつでも、どこを切り取っても、大丈夫なようにずうっと撮る、というのではなくて。つまり、いい絵じゃなければ残らないということですよね。だから、カメラマンもそれぞれに〝これぞ！〟という絵をその時々で作るわけです。しかも、あらかじめの割りがないから、カメラマンがみんな、それぞれに、自分の絵を使ってくれ、使ってくれって。意地でも同じ絵は撮らないというカメラマンならではのプライドみたいものもあるし。これでもか、これでもかと（笑）、カメラマンがそれぞれに推してくるわけです」

そんなふうにいくらカメラマンが入魂の映像を切り取ってきたとしても、「後に残るのはスイッチングされた映像だけ」なのだから、つまりはスイッチャーの判断が随時、最終結論になっていくということだ。

「それは確かに大変だけど、気持ちいいですよね。ものすごい醍醐味でした。面白かった

※1　アイソレーション
複数のカメラでスイッチングする際に、メインで使用する予定の映像〝本線〟に対して、予備的な映像として個別に収録する映像のこと。通称「アイソ」。

です」

笹原が「アドリブ！」と叫んで生まれた、目の前で起こっていることにライブで対応していくそのやり方は、物理的な制約を乗り越えるための苦肉の策でもあった。

「あらかじめ演者との打ち合わせはディレクターがやってくれるんですけど、でも始まってしまえば、乗ってきた時に演者がどう動くかはわからないですよね。ひょっとしたら客席に出てきちゃうかもしれない。子供ばんど[※1]みたいに、頭にスピーカーを着けて客席を回ったりするかもしれない（笑）。そういうハプニングというか、何かの演出があるのなら、それを面白く拾っていけるのがいいな、と。そうすると、固定が4台のハンディ1台という体制でアングルに無理が出てきますから、その体制で何とか撮るにはそのやり方しかなかったとも言えますね」

そして、カメラマンの意識も依田のスイッチングも、回を重ねるなかで自然と変化していき、しかもカッコよさの価値観を深いところで共有していった。

「最初はカチッ、カチッと撮ろうとするんだけど、それじゃあ撮れなくなってくるんです。そうすると、客を入れ込んじゃったりとか。演者は客の頭越しにちょっとしか見えてないけど、それでもいいじゃないかっていう。だんだん迫力優先、臨場感優先という感じになっていきました。スイッチングについても、その前とアングルが同じでも、流れでポンポンとやっちゃうことがありましたね。基本は、上手から撮ったら次は下手から、というふう

※1 子供ばんど
1973年結成。うじきつよしを中心とする、4人組ハードロック・バンド。80年、アルバム『WE LOVE 子供ばんど』でデビュー。84年と85年にはアメリカのインディーズ・レーベル〝KIDS POWER〟からアルバムをリリースするなど、既成の枠組みに囚われない活動を模索する一方、ライブを精力的に行い、88年には通算2000本ライブを達成。その後、活動休止状態となったが、2011年に再始動を宣言。P199も参照。

にちゃんと切り替えていきたいですけど、カメラがそんなにたくさんあるわけじゃないから。客で見えなくなってるなかでも、なんとか撮ろうとしていくと、上手↓上手とか下手↓下手となることがどうしても出てくるんです。ただ、リハを見ててギターがカッコいいなあと思ってると、本番が始まったら、何も言わなくてもギタリストのカッコいい絵を撮ってくれる、なんてことがけっこうありましたよね。みんな、たくさん場数を踏んでるカメラマンで、しかもみんな20代後半の同世代だったから、見てるところが同じだなあっていう。自然とそういうふうになっていきました」

ただ、そこにはいい意味での断念、現実的な割り切りもあった。

「もちろん、撮り逃してることはあるんですよ。でも、それはそれということであって、もちろんすべては撮れないですから。例えば照明なんて、そうですよね。照明は共立[※1]さんが入ってくれてて、ホールの設備だけだと足りないので、機材を持ち込んで曲ごとに照明を作ってくれました。リハで一応見せてくれるんですけど、彼らも探りながらだから、ちょっと遅れたりするんですよ（笑）。今だったら照明のいいところを後から編集で差し込むということもできるんだけど、あの番組の場合は流れで撮っていくしかなかったですから。だから、こっちとしては〝照明が派手になってきたな。ちょっと引きのカットにするか〟みたいな感じですよね（笑）。たまに、ここで、こういう明かりを作ったから、こういうふうに狙って、みたいな話が来ることもありましたけど」

※1　共立
現・株式会社共立。1959年、「共立照明株式会社」として設立。現在は、株式会社共立として、舞台、スタジオ、文化施設の音響、照明等の技術運営を行っている。

収録が終わった後に、照明チームやカメラマンたちと意見を交わし合うことはなかったのだろうか。

「終わってすぐにVTRを見ることができる環境がなかったんです。なにせ当時はテープが2インチですから（笑）。放送を見た後で「あの時は、○○だったね」という話をすることはありましたけど。それはそれで、その次にいろいろと役に立つこともありましたよね」

ところで、依田の記憶では「スタンダードのカメラが4台にハンディ1台の5カメ。そのスイッチングで収録という体制にしました」ということだが、それは住友が言った「3カメ＋1ENG」という話とは食い違っている。

笹原に確認してみた。

「僕も曖昧な記憶で恐縮ですが……、当初は3カメ＋1ハンディでのスタートだったと思います。ひとえに予算的な事情で（笑）。初回（1本録り）は3＋1だったような気がしますね。その後、「これなら、2階に無人でもカメラを置いて俯瞰が欲しい」という声が技術スタッフから出て、次の収録から4カメ＋1になったのではなかったかな。ちなみに、4台目のカメラは無料のサービスだったと思います。その後、次第に欲が膨らんで2ハンディになり、というところかと。ENGも、日本工学院専門学校の技術さんがサービスで入れてくれたのが始まりでした。私が〝なんで？〟と聞いたら、後の編集の時にミスショットのカバーにも使えるからと言われたのを憶えています」

彼らの〝面白い絵を撮りたい〟という欲望によってステージの形まで変えることになり、そのおかげで他では見られないシーンを撮ることができたのも印象深いエピソード、と住友も話す。

「演出サイドからの提案で、客席に向かって出っ張ってるところがあるといいんじゃないかという話になったんですよ。言ってみれば、ストリップ小屋の舞台みたいな感じがいいんじゃないかって。それで作ったんですけど、それがまんまと当たって、サザンのいつだったかの収録では、桑田がそこに出ていったら客が彼のズボンを引っ張ったりするんです。果てはズボンを脱がそうとしたりして(笑)。桑田もきっとそうだと思うけど、アーティストのほうもそこを使ってパフォーマンスすることを狙っていたような気がしますね」

アーティストにとっても自分の感覚を自由に表現できる面白い現場だったのではないかと、依田は思っている。

「規制がないから、演者も自分のコンサートのようなパフォーマンスができるわけで、だから動きも良かったですよね。普通のテレビは決め事が多いから。『ファイティング~』では、演者さんがみんな自分たちのスタイルを思い切り出してくれたんです。演者が向かって来てる時に、そのカメラのタリー[※1]を点けてあげると、より盛り上がってパフォーマンスしてくれる。そういう動きを順次拾っていくのは本当に面白かったですね」

※1　タリー
タリー・ライト。テレビカメラやモニターなどに取り付けられた表示灯のこと。番組収録などで複数台のカメラが用いられる際、これが赤く点灯すると、そのカメラがスイッチャーに選択され、放送や収録用に使われていることを示す。

日本工学院専門学校のホールに設置された『ファイティング 80's』のステージ正面の写真。舞台に立つのはダウンタウン・ファイティング・ブギウギ・バンド

アーティストのパフォーマンスに煽られてオーディエンスが白熱していき、その熱を受けてさらにアーティストがヒートアップしていくのがライブというものだが、その関係性がアーティストとテレビカメラの間にも取り交わされていたのが『ファイティング80's』だった。

音の限界を超えていけ。「いい音」の定義の変換

「音の話もしたいんだけど、テレビのスピーカーというのは現場の空気を伝えたいと思っていた僕らかするとなんとも小さくて、どうすればいいんだろうと思っていたら、ある時スタッフが言い出したのが、普通にきれいな音にするんじゃなくて、ライブ感のある音にすべきだ、と。具体的には、低音を強く出すことでライブ感を出そうという考え方だったんだけど、おかげで『ファイティング80's』は映像だけじゃなくて音の部分でもとても面白い、オリジナルなものができていたと僕は思っています。それは、人によっては実験的と言うのかもしれないけど、番組をいい形で伝えていくためにどうしたらいいか？　ということをスタッフみんなで考えて作っていったことの結果なんですよね」

住友がそう言って振り返った音に関する試行錯誤については、音声担当の阪本に解説してもらおう。

まず阪本の印象に残っているのは、ローカル局の番組なのに、キー局の人たちにもこの番組のことがかなり知られていたことだ。

「私は神奈川に住んでいたので、TVKがそれまでにやってた音楽番組もチラチラとは見ていたんです。ちょっと変わった感じだなあと思いつつ、どこか共感できる番組でね。そういう印象があったから、住友さんからお話をいただいた時には、ちょっと大変なことになるんじゃないかなという予感がしたんです。場所、学院の横にある〝アイチ〟という喫茶店の奥の席でした（笑）。ただ、その一方でローカル番組だからそんなにプレッシャーを感じることはないんじゃないかとも思っていました。キー局の番組ほど見られることはないだろうから。ところが、他の現場に行って作ったものの話をすると、知ってる知ってる、という話になって……。住友さんという名前は知らなくても、あの番組のことは当時キー局の人たちの間でもけっこう話題になっていたようです。ただ、だからと言って、我々がやることに対して住友さんや笹原さんからプレッシャーがかかるなんてことは一切なかったですけどね」

阪本の記憶では、大枠の方向性の説明は最初にあったが、それ以降の細かい音作りについては自分の裁量に任せてくれたという。

「番組が始まってから、住友さんに聞いたことがあるんです。マネージメントから、ああだ、こうだ言われたらどうするんですか？ って。住友さんは、好きなようにやってくれればいいよと言ったんですよね。笹原さんは、何かこうしてほしいということがある時は、〝こうしたほうがいいと思いませんか？〟という言い方なんです（笑）。笹原さんにどう思ってるんですか？　と聞くと、〝いいんじゃないの〟と答えるんだけど、そう言いながら表情は微妙に違うことを考えているような感じもあったりするんですよ。特に編集の現場で、そういうことをよく感じました。収録のたびに1日8時間以上も一緒にいたんだから、だいたい何を考えているのかわかってきますよね。ただ、結果的には〝音作りに関しては、あなたの領域でしょ〟という感じになっていったように思います。少なくとも私は、そういう意識でした」

住友が最初に示した「大枠の方向性」とは、言うまでもなく、現場の空気を伝えるということだ。

「今で言うライブ形式なんだという話で。当時、私もマルチ録音[※1]をやっていましたが、そうじゃなくてダイレクト・ミキシング[※2]でやるということですよね。スタジオ番組ではなくてライブの空気感を視聴者に提供するんだというコンセプトを聞かされたように記憶しています。住友さんとは、それ以前にご一緒させていただいたことはなかったんですが、TVKの他のスタッフの方とはいろんな番組でご一緒させていただいていたので、私自身はTVKのカラーというのはおおよそわかっていたつもりです。『ヤング・インパルス』も見ていましたから、住友さんのお話を聞いた時にピンときました。あれよりもさらにライ

※1　マルチ録音
Multi Track Recording。マルチ（Multi）とは「複数の」という意味。音楽演奏をパートごとに、MTR（Multi Track Recorder）を使って複数のトラックに録音する方法。録音後、各パートの音量や音質を調整したり、一つのパートだけ録音し直したりすることができる。

※2　ダイレクト・ミキシング
音楽演奏を、録音した後で音量や音質、各パートのバランスなどを調整するのではなく、録音する際に直接＝ダイレクトにそうした諸々の調整をしながら録音してしまう方法。

ブな感じでやりたいんだなって」

収録される音については、１本のマイクから出る音をステージ・モニター用とＰＡ用、それにテレビ用という3つのラインに分ける「頭分け」という形が採られ、その音をテレビ放送の音声として相応しいものに調整するのが阪本の仕事だ。ただ、この番組のテーマはライブの現場の空気を伝えるということだったから、通常のテレビ番組のように、単純に音がクリアに整理されていればいいというわけではなく、映像との組み合わせのなかで現場の有り様をよりリアルに伝えられる音を臨機応変に考えていくことになった。言い方を換えると、従来の価値観のなかでの〝いい音〟とは違う、この番組としての〝いい音〟を模索していくことになったわけだ。

「ライブの音は濁ってますが、逆に言えばその濁りがライブ感なんですよ。お客さんの歓声とか、そういうものをどのタイミングで入れるかというのがポイントです。ずっと入れてると、音が濁ってしまってどうにもならない。でも、絵が客を抜いたりしたら、そのタイミングで客の声や盛り上がりがわかるようなレベルを用意しないといけないですから。ただ、ライブですから、どこでそのタイミングが来るかわからないですよね。ここでソロが入るとか、コーラスがどこで入るかというのは事前の音資料で確認できますけど、実際に始まればボーカルが客のそばまで行ったりすることもある。そういう場合はどうするとか、いろんなことを考えながら、絵作りをしているのに合わせて音も出していくわけです」

もっとも、「絵作りをしているのに合わせて音も出していく」とは言っても、すべては「アドリブ！」の世界だから、その画面展開があらかじめ決められているわけではない。「私と依田さんは気が合ったんだと思いますよ」と阪本はこともなげに笑うが、彼と依田の間でも、ステージ上の演奏と同じようなインタープレイが繰り広げられていたということだろう。しかも、それと同時にテレビの向こうの視聴者のことも常に意識していた、と阪本は話す。

「私は、2階の調整室というところでミキシングしていましたから、実際にはお客さんの様子は見えないんです。画面で見ているだけなんですけど、それを見てモニタースピーカーの音を聴いていると、だいたいわかるんです。お客さんがどんな感じかというのは。と言って、オーディエンスの音をあまり上げ過ぎると、テレビで見てる人が一緒に盛り上がっていけないんです。そこの程度はいつも考えていました」

テレビの向こうの視聴者に届く音を考える上では、番組の完パケ[※1]に参加できたことが大きかった。

「編集もウチの編集室でやりましたから、そこにも付き合わさせてもらえたんです。とは言っても、イコライジング[※2]をちょっといじるくらいしかできないんですけど。音声の人間が完パケに立ち会うというのは、基本的にはないです。あの番組は、工学院のホールで工学院の中継車を使って撮って、工学院の編集室で完パケるというシフトだったから、それ

※1 完パケ
完全パッケージの略。映像や音声の編集、エンコードなどが完了し、そのまま放送したり販売したりできる状態になったもの、およびそういう状態に仕上げる作業のこと。

※2 イコライジング
演奏をより聴きやすくするためや、臨場感を高めるなどの効果を得るために、イコライザーという機材で番組音声の位相や帯域を調整する作業。

ができたんです。私としては、放送される音がこういうふうになるんだということを確認できたのはすごくありがたかったし、そこで笹原さんが〝いい音ですね〟と言ってくれたことで私は救われたんですよ。ただ、編集にいつも付き合わなきゃいけないから、あの番組をやってる間は海外出張がなかったんですけど（笑）」

それにしても、律儀に映像の展開に音を呼応させていくことは生半可なことではなかったはずだが、そこには阪本なりの映像と音についての哲学があった。

「これは私の感覚ですけど、絵がアップになってるのに、その音が出てないのはおかしいでしょ、ということです。オーケストラだったら、音がたくさん鳴ってるからいいんだけど、ロックの場合は絵がドラムになったら、それはやっぱりドラムの音が聞こえてるでしょ、っていう。例えば野球中継で、絵が客席になったら笛や太鼓の音が大きくなるじゃないですか。あれほど極端ではないにしても、絵が変わったら、その変わった絵の音が必要だというのが私の考えでした」

おかげで1本収録を終えると手のひらはいつも汗だらけでしたよ、と阪本は苦笑する。一般に「収録中はフェイダー[※1]から手を離してはいけない」と言われるが、実際にはスタジオ収録では手を離しても全く問題ない。しかし、『ファイティング～』は違った。

「あの番組の場合は、次々にいろんなことが起こりますから。とりあえず、演者さんがそれぞれ勝手に手元でボリュームをいじっちゃうので、始まった時点でリハの時よりも数d

※1　フェイダー
ミキシング卓についている、音を上げ下げするためのスライドボリュームのこと。

b上がってるんですよ（笑）。モニターの具合も、演者とモニター[※1]の担当者の間だけでやりとりして、その話はこっちに伝わってこないから、リハの時と本番が全然違ってる、なんてことがしょっちゅうありました」

ライブにトラブルやアクシデントは付き物だが、そこにテレビ収録が加わるわけだから、現場ではいよいよいろんなことが起こる。阪本の仕事の範疇で言えば、やはりマイクに関するトラブルが多かった。

「マイクは、テレビの収録が中心なので、こちらが用意するのが基本でした。ボーカルがすごく動くタイプだとか、そういう場合にはPAさんが用意することもありましたけど。矢沢（永吉）さんなんて、スタンドにグルグル巻きにしてるから、こちらで用意しようがない（笑）。ただ、そういうふうにライブ・スタッフに任せるとリスクもあって、例えばワイヤレスのバッテリーを本番の前に必ず新しいのに替えて欲しいんだけど、やってくれたかどうか確認のしようがないですよね。だから、本番中にワイヤレスのマイクがダウンしちゃって有線のマイクに替えたことが何度もありました」

番組開始時には、こんなこともあった。

「他の局がホールを使うときは、ホールがあった6階まで建物の外からケーブルを立ち上げるんですよ。ジープケーブルと言うんですけど、音声やモニターの返し、テレコール[※2]の返しがそのケーブルから上がってくるんです。ところが、あの収録の時にはどういうわけ

※1　モニター
演奏や放送、あるいは録音・録画の状態を確認すること。また、その装置やその操作を担当する技術者。

※2　テレコール
中継などで使われる、高声電話式の連絡用インターホン。

か多摩川にあったラジオ関東の電波塔の電波がまともに入ってきたんです。仕方がないから、建物の中を通せば大丈夫だろうということで、玄関からお客さんが使う階段を這わせて6階まで上げてもらうことになりました」

そんなあれやこれやをくぐり抜けながら、坂本は本番の演奏に立ち向かった。「30分一本勝負！みたいな感じ」という依田の言葉を伝えると、阪本も強く同意した。

「収録が迫ってくると、体調がおかしくなるんですよ。でも、収録が始まると緊張はなくなるんですよね。アスリートもそういう感じじゃないでしょうか。私にとっては、本当に真剣勝負でしたから。事前の拠り所は資料音源しかないわけですが、それがロクなものじゃないことがけっこうあってね（笑）。資料音源を聴いて自分なりにプランを立ててるんだけど、リハで聴いてみると全然違ってたりする。だから、当日そこでやってることを頭に叩き込むしかなくて、それは結局そのアーティストを好きになるということなんですよね」

真剣勝負の相手を好きになるということ。それは達人の境地のようにも思えるが、あるいは阪本の真剣勝負の相手はテレビの向こうの視聴者だったのかもしれない。ステージ上のアーティストと音を通じて連帯し、テレビの向こうの視聴者を圧倒する。それはまさに、住友が夢想したことでもあったはずだ。

「TVKはロック・ステーション」というイメージの確立

1983年3月27日、『ファイティング80's』は最終回を迎えた。横浜のタウン誌「浜っ子」は、同年4月号で「ファイティング80'sは何故終わってしまうのか!!」という特集を組み、そこで住友にインタビューしている。

そこでの住友の総括はこうだ。

「僕らなりに最初に志向した、違った形態でのうた番組の可能性を、番組としてみえる部分としてやることだけはやったし、やろうとしたことを90％達成できたんじゃないかって思ってる」（原文ママ）

それから40年近く経った今、あらためて『ファイティング80's』終了はどういう判断だったのか、聞いてみた。

「3年やってきて、自分のなかで〝マンネリになったな〟という感覚があって、自分のテンションが下がりつつあるということを感じた時に、それをダラダラ続けるというのはどうなんだろう、と。営業的にもかなりしんどい状況があったし……。いつまでもEPICのサポートにすがっているのも嫌だなという気持ちもあったし、潮時というか、いったんここで切ろう、ということですね」

それは例えば、挫折のような感覚だったのだろうか。

「いや、挫折感ということではなくて、西口カーニバルの現場で感じた〝ロックは市民権を得つつあるな〟という手応えを超える場面に出会わなかったなという意識が自分のなかにあったんです。面白いブッキングをしても人気バンドでなければ人がなかなか集まらないということが続くというような、自分の思う通りにはならない現実がずっとあり、さらには会社の営業的なことまで含めたいろんな意味での体力面を考えても、自分のテンションを維持することは難しいと感じたということですね」

発言の中にある「西口カーニバルの現場」というのは、毎年9月に横浜で開催されるイベント『ヨコハマカーニバル』からのオファーに応えて番組が始まった80年に『ファイティング80's』特番の収録を横浜駅西口前のロータリーで行ったことを指している。「35年史」によると、開演の午後7時前には2万人弱の観客が詰めかけ、警察当局から数回「中止要請」が出るほどだったという。

「ダウンタウンともんた&ブラザーズ、それにシーナ&ロケッツをブッキングしたんです。そしたら、すごい人が集まっちゃって……。そこで、日本でもロックが少しずつ市民権を得つつあるなということを感じたのと、フリーコンサートというものの怖さを目の当たりにしたというか……。すごい数の人が集まって、向こうのほうでは人が波を打ってるんだから。それで警察が来て、演奏をやめさせろと何回も言われたんだけど、これは捕まってもしょうがないやと覚悟して、〝演奏中だから、止めるわけにはいかないです〟とトボけ続けて、最後までやり切ったんです」

そこで感じた高揚感を上回るような感覚を、番組を続けてきた3年近くの間に体験することができなかったというわけだ。それは、挫折ではなかったとしても勝負に出て負けたという感じはなかったか？　とさらに問えば、住友は「それはなかった」と即答した。

「そもそもの始まりを考えれば、ある程度の右肩上がりにはなってるなと思ってたから。ただ、右肩上がりの状態からプラトーな状態になってきたなと感じ始めた時にやめたというだけであってね。負けたという感じはなかった。ただ、これをだらだらやってるのはよくないと考えたんだと思います」

敢えて言えば、敗北ではなく一時的撤退か。それはかなり冷静な判断のようにも思えるが、一時の高揚感に身を委ねているわけにはいかない事情もあった。横浜西口にロック・ライブを見ようと2万人が集まった光景を目にして「ロックは市民権を得つつある！と感じた住友が、それでも素面でいられたのは『ファイティング80's』がずっと予算的な課題を抱えていたからだ。

「終わることにしたのは、番組として維持していくための営業的な部分が大きかったのかもしれない。シーンの機運は少しずつでも盛り上がっていたかもしれないけど、営業的にはそうではない、と。そういう意味では、番組の体力として続けるのは難しいという判断が大きかったかもしれないですね」

番組にしっかりとしたスポンサーがつかないということは社会のある実相を映し出していたはずだし、さらに付け加えれば、ダウンタウン・ファイティング・ブギウギ・バンドら3組によって横浜西口に2万人が集まった日の翌日、9月15日付の「神奈川新聞」朝刊を見ると、8段抜き写真入りでカーニバルのことを報じているものの、彼らの演奏については「人気のロックバンドの登場が目立ち、ヤングをわかせた」と、わずかに2行触れられただけだった。

いずれにしても、番組の作り手としてのパッションとテレビ局の社員として経済性を意識することの両方を常に抱えていなければいけないというのは、TVKで番組作りを続ける者にとっての宿命のようなものだった。

「そもそも番組を始める時に、宇崎さんが言う〝過激にやりたい〟というイメージのままにやったら商品として成り立たないかもしれないという思いが僕にはあったから、佐野くんのポップな感じを入れてバランスを取ろう、と。つまり、番組をやっていくなかで営業的な問題が浮上してきたわけではなくて、最初からその両方に意識は向けていたんです。ゴリゴリな感じでやるのではなくて、世の中にも広く受け入れられるし、営業的にも成り立つものにしたいという思いがまずあって、でもそれがあの時点では自分の思い描いていたようにはならなかった、と。そういうことだったと思います」

1979年から2009年まで年に1度開催された『ヨコハマカーニバル』。上の写真は第7回開催時の爆風スランプ。下は第5回のもの。『ファイティング80's』のロゴがステージ奥に見える

その上で、『ファイティング80's』という番組をやったことの一番の成果は、「自分の周囲や音楽業界に対して〝TVKはロック・ステーション〟というイメージを植え付けられたということ」と住友は考えている。

「それはすごく大きなことだと思っています。収録に来てくれたお客さんがどう受け止めていたかはわからないけれども、それでも『ファイティング80's』の収録に参加して、それに刺激されて後にプロ・デビューした人がいるという話を聞いたりもしているし、この番組がシーンを広げていくということについて少しは力になれたのかな、という自負はあります。だからこそ、その気持ちが『ライブトマト』に向かうわけだけど……。ちょっと早過ぎたかなという感覚はありました。でも、やらなきゃよかったという気持ちは全くなくて、むしろそういう大変な時期にやって良かったと思っています。ウチは、みんなが認知して市民権を得たところで始めるという局では絶対ないから。みんながそういうことを感じ始めるまでのところをやって、面白い局だねと言われたい。そういうことですよ」

客観的に見れば、特定のレコード会社、あるいはマネージメントとジョイントして番組企画を実現していくという形を実践してみせたことも、この番組の成果と言えるだろう。

「丸山さんがある時に〝やっぱり、えこひいきしていかなきゃだめだよね〟と言われたのがすごく残ってるんだけど、全方位外交で満遍なくやっていくというやり方が何か新しいものを生むことは絶対無いと思うんです。何かをえこひいきして、それに賭けてやっていくことは、成功か失敗かはっきり分かれるんだけど、それをやらないとだめだよねっていう。というか、そういうふうにやっていくのが面白いということをわからせてくれた丸山さんの言葉は本当に大きかったし、誰かをえこひいきして、その人たちと一緒にものを作っていくのは確かに面白いなあと思いましたね」

考えてみれば、現在では当たり前になっているラジオ局のヘビー・ローテションやCDショップのリコメンドというのも〝えこひいき〟の1つの形だ。むしろ、そうしたスマートな言葉を使わず、〝えこひいき〟と言ってしまうのが住友らしいのかもしれない。

「78年に始めた『ファンキー・トマト』は、洋楽のライブ映像を紹介することからスタートして、やがてPVを紹介するようになり、さらには洋楽だけじゃなくて邦楽のPVも扱うようになっていったんだけど、そういう時期に米米CLUBのライブを草月ホールで見させてもらったことがあったんです。その時に、〝すっごいなあ。もの凄いエンターテイメントだし、テレビだよなあ〟と思ったんですよ。ダウンタウン・ブギウギ・バンドをVAN99ホールで初めて見た時とすごくダブる感じがして、宇崎竜童と同じようにカールスモーキー石井という人はすごい才能だなあって。それで、米米CLUBを『ファンキー・トマト』のレギュラーに起用したんです。それに対する反応は賛否両論というか、非難の声のほうが大きかったかもしれない（笑）。「なんで、ファントマに邦楽のアーティストを入れるんだ！」とすごく言われたんです。視聴者からもね。でも、それ以後、米米CLU

Bの人気がどんどん高まっていって、『ファンキー・トマト』の洋楽／邦楽を合わせた電リクで彼らが1位を獲ったことがありました。その時にも、〝これだ！〟と思ったものに賭けて、それをグイグイやっていくことがどんなに大切かということを思い知らされた気がしました」

では、住友個人がこの番組を通して得たものは何だったんだろうか。

住友は先に「テレビ作りの現場はアーティストと切磋琢磨して互いに成長していく場なんだ」と話したが、その意味で『ヤング・インパルス』の2年間と比べて『ファイティング80's』の3年間が彼にもたらした成長とはどんなことだったのだろう。

「音楽シーンの中心がフォークからロックに変わっていくなかで、音楽というものをTVKの旗頭に据えようと思えたこと、かな。最初は、闇雲に〝他とは違うものを！〟というだけだったと思うんだけど……。そうでもしなきゃ食っていけないぞというだけでやっていたのが、もうちょっと具体的に捉えるようになったということかなと思います。敢えて成長ということを考えればね」

濃密な時間の長い余韻

『ファイティング80's』は、当時のシーンに大きな刺激を与えたが、関わったスタッフにとってもその経験は大きなものだった。

ディレクターの笹原は、一緒に番組を作ることで住友の匂いの源を知り、それを栄養として摂り込んだ。

「『ファイティング〜』の前にも、『ヤング・インパルス』から始まって2つか3つ、住友のほうのチームの番組があって、それは見ると〝これ、住友の番組だろ〟と誰もが感じるような、住友の匂いというか、そういうものを感じるところがあったんです。それが不思議でしょうがなかったんですよ。そういうなかで『ファイティング〜』を一緒にやってみて、ああ、そうだったのか、と思いましたね。すごく単純な話で、僕は最初、これは音楽番組だから――と単純に考えていたんだけど、1回目を撮ってからだったか、あるいはその前の段階だったか、住友が〝ちょっと、これじゃダメだ〟と言い始めたんです。こだわりがあるんですよ。ただの音楽番組じゃ嫌なんだ、と。そこで思ったのは、住友は突き詰める人間なんだなということです。これくらいでいいやみたいなことはなくて、自分はなかなか満足できないと思ってるっていう。それが、住友カラーの素だったんだなあって。それがわかったことは、僕にはけっこう栄養になりました。」

そして今、あらためて『ファイティング80's』という番組を振り返ると、ドキュメンタリーと言うよりも実況放送、それも報道的な実況放送と捉えるほうがより正確であろうと思い直したという。ダウンタウン・ブギウギ・バンドの素晴らしいライブ盤『実況録音盤』がリリースされたのは77年12月のことだが、宇崎がずっと追い求めているものがこの番組にも見事に表現されていたということなのかもしれない。

依田は、番組終了から4年経った1987年、マドンナの初来日公演の映像収録でスイッチングを担当した。

「外タレの場合はいろいろ規制が厳しいんですけど、マドンナの時はそれほどなくて、ディレクターがマドンナが信頼している人間だったんですよ。彼が〝自由に撮ろう〟と。その頃、アイソ（アイソレーションの略）がやっとできた頃で、でも全部アイソというわけじゃないんです。だから、スイッチングを2系統切って、それにプラス6台くらいは単体でぶら下げられるんですよ。逆に言えば、それしか絵が残らないんです。そういう環境で収録するわけですから、やっぱり現場で追っかけていくしかないんですよ。80年代半ばから、そういう音楽の収録の仕事も増えました。どこかで、誰かが、見てくれていたんでしょうね。ファイティング様様ですよ（笑）。腕も磨かせていただきましたから」

その後も、ローリング・ストーンズやガンズ・アンド・ローゼスの中継で、彼はスイッチングを任された。

そんな依田に、今『ファイティング〜』のような番組の依頼が来たら、どんな体制で臨むか？ と聞いてみた。

「今、編成することになったとしても、やっぱり気心の知れたカメラマン数人とコンパクトなチームを作るだろうと思います。思いますけど、今はそうはいかないですよ、多分。あれも撮れ、これも撮れ、だから。まして、後で編集はいくらでもできるから、全部まわしとけということにきっとなると思う。『ファイティング〜』は、そういうことが出来なくても、ちゃんと表現できたなあって思いますね。本来のアーティストの動きを追っかけていけば、表現できると思うんですよ。ドラムの♪タカタンとかギターの♪ギャーンとか、あるいはパーカーションの♪キラキラキラッとか、それは撮れたら撮れたでいいし、撮れなくても音としては生きてるわけだから。基本的に、音があるんですから。全部撮ろうと思ったらキリがないし、全体の流れのなかで音に入ってれば、音もちゃんと生きてくるんです。基本的なことはカメラの台数とかじゃないんですよね。撮っていく絵というのは、自然と決まってきますから。今は、カメラがめちゃくちゃたくさんあるから、逆に演者は大変だと思いますよ。どこから撮られてるかわからないから。基本は前から撮っていく絵だと思うし、そのカメラに向かって来てくれるのが一番迫力のある絵になると思うんですよね」

『ファイティング〜』のことを思い出せば今でも、あれを拾い損ねたな、あれを入れとけば良かった、という思いとともに甦るシーンがあると言う。しかし、良くも悪くも、それらのシーンはどれも映像として残っていない。依田自身が、その現場で、その瞬間に、違う絵を選択したからだ。

「今のやり方が悪いとは言わないですが、あまりにも残り過ぎるから、スイッチャーという仕事についてはは技量の問題ではなくなってますね」

そう言って穏やかに笑う依田は、今も機会があればライブ番組をやりたいと思っている。

電子工学院で音声技術についての講座を持って学生たちに長く教えていた阪本は、「あの番組でやってたことは、はっきり言って特殊技能ですよ」と話す。

「実際、あの番組をやっていたおかげで、その後ライブ収録の話をたくさんいただきましたから。要はお金がないからマルチは使えない、ダイレクト録音でやりたいので、坂本さんお願いします、というわけです。ミキサーとして、ダイレクト録音ほど怖いものはないですよね。失敗したら、それで終わりですから。そういう経験を、いろんな音楽番組で積ませてもらいましたが、精神的なタフさという部分では『ファイティング〜』は全然違いました。あのタフさは、若かったからやれたということかもしれないと思いますね（笑）」

では、経験も年齢も重ねた今だったら、どういう体制で『ファイティング〜』のような番組に臨むだろうか？

「今だったら、やっぱりマルチレコーダーを回しておきたいですね。一期一会という感覚は薄れるかもしれないですが、アーティストにとってはそのほうがいいんじゃないかという気はします」

『ファイティング80's』は、間違いなくライブ映像についての1つのスタイルを築き上げた。その番組が役割を終えたちょうどその頃、海の向こうのアメリカではまさにTVKのような1つの独立局の誕生を契機として、作り込んだ音楽映像がヒット状況を左右するという新しい状況が広がっていく。MTVの時代だ。そして、もちろんその潮流は日本の音楽シーンをも飲み込んでいき、新しい表現を生み出していくことになる。

Close Up Interview 2

佐野元春

Motoharu Sano

オルタナティヴというのは
メインストリームを脅かす存在である時その価値を発揮する。
そうした意味でＴＶＫは、
東京キー局が作る放送文化に対して、しっかりとした
オルタナティヴ意識があったのではないかと思います。

レコード・デビューしてすぐに『ファイティング80's』にレギュラー出演した佐野の、その後の活動を辿ると、そこには住友利行の番組作りに向かう態度に通底するマインドがあるように感じられる。世代も表現の形も違う2人の間で響き合う、その精神とは？

佐野元春

1980年、レコーディング・アーティストとして始動。83～84年のニューヨーク生活を経た後、DJ、雑誌編集など多岐にわたる表現活動を展開、92年、アルバム『スウィート16』で日本レコード大賞アルバム部門を受賞。2004年に独立レーベル「Daisy Music」を始動し現在に至る。代表作品に『サムデイ』(82)、『ビジターズ』(84)、『スウィート16』(92)、『フルーツ』(96)、『ザ・サン』(2004)、『コヨーテ』(07)、『ZOOEY』(13)、『BLOOD MOON』(15)、『MANIJU』(17) がある。

――佐野さんは、そもそもテレビに出演するということをどんなふうに受け止めていましたか。

佐野　テレビで演奏するというのは何かと制約が多いので、正直に言って、あまり好きではなかったですね。ライブハウスやホールで演奏するほうが気楽でした。

――そういうなかで『ファイティング80's』へのレギュラー出演が決まって、佐野さんとしては新しい場に挑んでいく、というような感覚だったのでしょうか。

佐野　『ファイティング80's』に出演したのは、自分がレコーディング・アーティストとしてデビューした1980年とほぼ同時期でしたが、テレビ出演は自分の存在を知ってもらうという意味で良かったと思っています。

――実際の収録作業の過程で、TVKのスタッフとのやりとりやその仕事ぶりについて何か印象に残っていることはありますか。

佐野　当時のTVKのスタッフは、音楽ものの収録に慣れているという印象があって、みんなプロフェッショナルだったから、とてもやりやすかったですね。

――佐野さんの先行世代のなかには、TVに出演しないことでカリスマ性を得ていったアーティストもいましたが、そういう先輩たちの振る舞いが佐野さんに何か影響を及ぼしたことはありますか。

佐野　そういうことはありませんでした。バンドにしてもソロにしても、TV向きの人とそうじゃない人がいますから、TVで自分の音楽の魅力を伝えられるぞという自信がある人はどんどんTVに出ていったでしょうし、自分はTV向きじゃないなと思う人はホールやライブハウスでのライブ・パフォーマンスを中心に活動していたんだと思います。僕はといえば、それはどちらでも良かったんですよね。

——僕自身が『ファイティング80's』で初めて〝動く佐野元春〟を見た人間なんですが、しかも地方に生まれ育った僕が初めてテレビで佐野さんを見た時の印象をひと言で言えば、都会的ということだったように思います。

佐野　僕自身が都会的であるということを意識したことはなかったですが、ただ70年代の、自分よりも歳上の世代のバンドやソングライターとは、僕の表現のスタイルはだいぶ違っていたと思うし、いろんな意味で新しかったですから、そうした自分の音楽が受け入れられるかということが……。視聴者は新しい世代が中心でしたから僕の音楽をきっと気に入ってくれるだろうと思っていましたが、制作現場の人はみんな自分よりも歳上でしたし、共演するバンドも当時はだいたい先行世代のバンドが多かったですから、そういう彼らとは違う僕のスタイルがみんなに受け入れられるかということだけが心配でした。

——先行世代の人たちのなかで、特に関わりが深かったと思われる大瀧詠一さん、EPICでデビューの時から佐野さんを担当されていた小坂洋二さん、それに住友さんはみんな1948年生まれです。佐野さんより8つ歳上ということになりますが、父親ほどではないけれども、８つも歳が上の人たちが身近にいたということに、クリエイティブの部分に止まらず、いろんな意味で影響を受けたんじゃないかなと想像するんですが、いかがですか。

佐野　大滝さんと小坂さん、それに住友さんがみんな１９４８年生まれだというのは、今知りました。８歳の歳の差というのは感覚としては兄のような感じですよね。

――そうですね。

佐野　近い年齢の兄弟というのは反発し合うということはよく言われますが、８つも離れていると価値観が全然違う人という感じで接していたと思います。ただ、価値観が全く違うというのはネガティブな意識ではなくて、「兄貴の世代がそうならば、新しい世代の僕はこう感じているんだよ」と教えてあげるような、そういうリレーションがあったように思います。

――それは、少し違う言い方をすると、乗り越えていくべき存在というよりはお互いにいい刺激を与え合えるよう距離感だったということでしょうか。

佐野　彼らは１つの文化を作った世代ですから、そこにリスペクトはありつつも、自分が属する世代の新しい価値観というものも認めてくれよ、と。僕は、そういう気持ちでいたように思います。

――ＴＶＫは横浜の放送局というところにアイデンティティを感じていろんな番組作りを進めてきたわけですが、東京の神田で生まれ育った佐野さんは横浜という街のどういうところに〝らしさ〟を感じますか。

佐野　具体的にこうだということではないんですけど、自分のように東京の下町に生まれ育った人間は下町っ子と言われているんですね。それと同様に、横浜で生まれ育った連中は浜っ子と言われています。そのように、「下町っ子」「浜っ子」と言われるくらいなんだから、やはりそれぞれに特徴があるんだろうなということは感じていました。その特徴というのは言葉遣いであったり、自分のアピールの仕方であったりといったところに表れていたかなという気はします。正直に言って、下町で生まれ育った自分たちとは違うなとは思っていました。

――その一方で、先ほど言われたように佐野さんの表現は全く新しいスタイルだったわけですが、そういう新しいものが馴染みやすい土地柄の放送局とキャリアの一番最初に出会ったのは、とても不思議な縁だなと思うんです。

佐野　まったく、その通りですね。その通りだと思うし、僕は幸運だったと思います。

――横浜らしさを意識することも含め、東京のキー局に対してインディペンデントであると自負して番組作りを続けてきた、と住友さんは話されています。一方、佐野さんは野茂英雄さんを特集した雑誌のインタビューに答えたなかで、「インディビジュアリスト」という曲タイトルに訳語を充てるなら自立主義者という言葉を選びたいと話されていますが、その自立主義者という有り様は住友さんにも当てはまるのではないでしょうか。

佐野　東京キー局が作る放送文化というのはメインストリームですね。一方、ＴＶＫをはじめとしてローカル局が作る番組から生まれる文化はメインストリームに対するオルタナティヴであると言えると思います。そして、オルタナティヴというのはメインストリームを脅かす存在である時その価値を発揮すると僕は思うんです。オルタナティヴな力、オルタナティヴな価値というものをメインストリームに見せつけていく。そうした意味でＴＶＫは、東京キー局が作る放送文化に対して、しっかりとしたオルタナティヴ意識があったのではないかと思います。しかも、そこで大事なことは、オルタナティヴであるということは単純に横から文句を言っているだけの存在ではなく真の意味で自立しているということです。真の意味で自立していれば、そこに主張があり、哲学があり、その主張や哲学にいい意味で対抗していく。対抗するというのは、何もケンカをふっかけるというようなことではなくて、メインストリームとオルタナティヴが互いに上昇していく、そういう流れを作るということだと思います。そういうことも含め、ＴＶＫは自立主義の精神をしっかり体現していたと思います。

――今のお話の中で１つのポイントは共感ということだと思います。我が道を行くと言ってしまえばカッコいいですが、オルタナティヴであることはともすれば受け取り手のことを考えない表現に向かってしまうことも少なくないですが、住友さんはできるだけたくさんの人に見てもらうということを常に意識していたと話されているし、佐野さんも自分の表現を通して1人でも多くの人の共感を呼び起こしたいと考えていらっしゃいますよね。

佐野　その通りです。

――ただ、できるだけ広く共感を得ようとすると、ついつい迎合的になってしまったりして、なかなか自立ということとの両立が難しいようにも思うんですが、いかがですか。

佐野　そこを突破していくのがロックンロールなのかなと思いますね。

――自立しながら、より広いフィールドに向かっていくのがロックンロールだ、と？

佐野　そんなに難しい言い方ではなくて、良いアイデアがあるならば、それはメインストリームで炸裂させろということです。

――同じ意味の質問になってしまうかもしれませんが、独自の表現を生み出す良いアイデアを、身の回りのスモール・サークルではなくメインストリームで炸裂させるためにはどういうものが必要だとお考えですか。

佐野　好奇心と冒険心だと思います。この先どうなるかわからないというネガティブな気持ちに向かうのではなく、この先にはきっといいことが待っているという思い、それが冒険心だろうし、好奇心というのは「こうすると、何が、どう変化するんだろう？」という理科の実験みたいなことですが（笑）、やってみなければわからないならやればいいし、やってみて面白い結果が出ればそれをまた先に繋げていこうという。そういう発想です。

――ただ、その過程においては、いつもうまくいく、あるいは面白い結果が出るわけではなくて、むしろ逆風に晒されたり、誰にも認めてもらえない不遇な時期があるものだと思うんですが、その時期をくぐり抜けていくのに必要なのはやはり気持ちの強さということになるんでしょうか。

佐野　その時期をくぐり抜けるにはこうすればいいというメソッドは1つではないと思います。人それぞれに、いろんなやり方があると思う。それぞれが、自分の信念に従って前進していく。そうすることが、往々にして良い結果を招くのではないかと僕自身は思っています。

――信念に従って進んでいけばきっと良い結果が待っているはずだという信条が佐野さんのなかで揺らぐことは、この40年の間にはなかったですか。

佐野　揺らげば、元に戻ればいいんだと思うんです。例えば東京のキー局にはない音楽番組を自分たちが制作して放送するんだ、と。そこには、住友さんご自身の確固たる信念があったと思います。その信念はブレることなく、何年もオルタナティヴな音楽番組を成立させてきたわけですから、その姿勢はリスペクトされていいのではないかと思いますね。

――最初は誰も見てくれないところから始まった局だから、ダメで元々だと思ってるところがずっとあった、と住友さんは話されていました。

佐野　僕より8つくらい上の世代は、そういう考え方をよくしていたと思います。やぶれかぶれと言うか（笑）。世の中を変えようとして、ある意味では敗北した世代ですから、そのことについて「うまくいかなかったんだよね」というような思いをずっと持っていたように僕は思う。でも僕らの世代は、そんなにクヨクヨするなよ、と。あなた方の世代が夢見ていたものがたとえ実現しなかったとしても、僕ら新しい世代に上手に繋いでいってくれよ、と。そういう気持ちを、僕は言葉ではなく音楽で彼らに伝えてきたと思っています。

――ところで、佐野さんが『ファイティング80's』に出演された頃とはテレビというメディアの、社会のなかでの位置付けはずいぶん変わりましたが、今の時点で佐野さんはテレビというメディアに何か期待したり注目しているところはありますか。

佐野　30代の中盤以降、自分の生活のなかにTVというものはなかったですね。個人的には、その30代半ばの時点でもうメディアとしての魅力はほとんど感じなくなっていたと思います。その時期にはもうインターネットを通じた新しい情報社会に移行していきましたから。そして、それまでTVが果たしてきた役割を、その新しい社会では何がどのようにとって代わるのかというところに興味と関心は向かっていきました。90年代中盤くらいの時期です。僕は、95年にMoto's Web Serverという自身のアーティストホームページを立ち上げました。それは国内初の試みで、そこを中心に、これも国内初のことでしたが自分の武道館のライブを配信したり、インタラクティブな仕様のコンテンツを開発し、ファンと繋がっていったり……。そうしたことの一つひとつはTVではできなかったことであるし、ファンや同時代に生きる人々とどう関わっていくのかということを考えると、メディアとしてのTVはもうその時点で古いものになっていたのかなという気がします。

――そういう状況がさらに進んだ2022年に開局50周年を迎えるTVKのスタッフに、佐野さんはどんなことを期待されますか。

佐野　以前は東京キー局がメインストリーム、対してTVKはローカル局というような位置付けで認識されていましたが、もうそういう時代ではなくて、ローカル放送局がその可能性を最大限に生かせる時代がやって来ていると僕は思うんですね。それはつまり、ローカル放送局一つひとつがメインストリームになる時代なのだということです。そこで必要なのは、先ほど話に出ましたが、自立主義です。経済的にも思想的にも自立しているということが力になる。そもそもTVKはそういうものを持っている局だと僕は思っているので、これから先がすごく楽しみです。

――佐野さんご自身の今後については、どんなふうに展望していらっしゃいますか。

佐野　特に気負うことなく、良い曲と良いパフォーマンス、それをずっと展開していきたいと思っています。古い世代に対するノスタルジーではなく、新しい世代と連帯しながらそれを続けていくことができたら楽しいだろうなと思いますね。

Close Up Interview 3

丸山茂雄

Shigeo Maruyama

テレビをライブハウスと同じような使い方ができたということだと思うんです。すごく贅沢な使い方だよね。TVKって、ライブハウスだったんだよ。僕の解釈ではね。

EPICレコードの社長としてTVKの音楽番組を厚くサポートした丸山さんは、住友利行をどういう人物と受け止めていたのか。レコード会社の人間としてのご自身の経験も交えて、じっくり語っていただいた。

丸山 茂雄

早稲田大学商学部卒業後、株式会社読売広告社に入社。1968年にCBS・ソニーレコード入社、78年EPIC・ソニーを設立し、佐野元春、渡辺美里、TM NETWORK、DREAMS COME TRUEなどの有力アーティストを多数世に送り出す。92年に株式会社ソニー・ミュージックエンタテインメント代表取締役副社長、98年に同社社長に就任し、音楽産業の発展に寄与。一方で、93年から2007年まで株式会社ソニー・コンピュータ・エンタテインメント取締役として会長などを歴任、プレイステーションを成功へ導く。03年に株式会社247Musicを設立。現在、株式会社トゥー・フォー・セブン 取締役、ブレイカー株式会社取締役、株式会社フェノロッサ取締役。

――丸山さんが、TVKという局、あるいは住友さんの存在を最初に意識したのは、いつ頃のことですか。

丸山　それは宇崎竜童さんがきっかけなんですよ。宇崎さんのダウン・タウンは東芝EMIでやってて、でもソロになるという時にEPICの門を叩いてきたわけです。僕は「移籍はやらない」というポリシーだったんだけど、その時はバンドで移ってくるというんじゃなくてリセットするということだったので、やることになりました。それで赤坂にある宇崎さんの事務所に出入りするようになったら、そこで2人の重要な人に会ったんです。1人はFM802の栗花落《つゆり》(光)さん、そしてもう1人が住友さんです。栗花落さんはまだ802ができる前だからラジオ大阪だったけど、2人ともバンド好きでロックが好きで、という人ですよ。僕はEPICを始めたばかりだったから、ロックとは何なのか？　みたいなことはそんなに知らないわけだよね。だから、その2人を見て、「こういう人がいるんだ」と思って。それが知り合ったきっかけです。

――ということは、TVKという局よりも住友さんという人が先だったわけですか。

丸山　そうそう。だって、僕はずっと東京に住んでたからTVKは入らないでしょ。入らない局のことなんて、知らないよね(笑)。

――(笑)。住友さんの第一印象はどんな感じだったか憶えていらっしゃいますか。

丸山　東京の地上波の音楽番組のプロデューサーという人を、NHKも含め、各チャンネルそれぞれで知ってたけど、みんな偉そうなんですよ。こういう偉そうな人のところに行って頭下げるのは嫌だなという思いがあって、基本的にはテレビと関わらないで仕事をしようというすごく強い決意を持って（笑）、ＥＰＩＣをスタートしたんです。ところが住友さんは、テレビ局の人にしては珍しく偉そうにしない人だなと思ったんですよね。それが、一緒に仕事をするようになった理由としては一番大きいと思う。人間が一生懸命頑張る動機というのはいろいろあるけど、その１つに「こんちくしょう！」というのがあるじゃないですか。僕はレコード会社にいて、媒体の人に対して「こんちくしょう！」と思うことがずっとあったから、だったらそれに関わらないでやる方法はないかと考えるわけだよね。僕と住友さんとの関係をひと言で言えば「この人はこんちくしょう！と思わないで済む」ということになるわけで、住友さんはそういう人ですよ。

――ところが、というか『ファイティング80's』という、宇崎さんがパーソナリティーを務める番組がスタートするにあたって丸山さんはサポートするわけですよね。

丸山　そう、スポンサードしました。

――テレビとは仕事をしないという強い決意持っていた丸山さんが、しかも見たこともない局の番組をなぜスポンサードすることにしたんですか。

丸山　それは、テレビ局が嫌なわけじゃなくて、そこにいる人に偉そうなことを言われるのが嫌なだけだから、そういうことを言わない人だったらいいんですよ。

――だからと言って、見たことがない局の番組でも構わなかったんですか。

丸山　それは、あちこちで言ってるけど、僕の仕事の仕方というのは基本的に隙間狙いなんです。どういうことかと言うと、僕がCBSソニーでプロモーションをやっていた頃は年末になると「○○音楽祭」だとか「△△歌謡祭」だとかいうのが山ほどあって、レコード会社も事務所もそういう賞をなんとか獲れないかって9月くらいからそれにかかり切りになってたんですよ。でも僕は、基本的にくれると言うなら賞はもらえばいいけど、「くれ！」と言いに行くなんて、そんな下品なことができるかと思っていたし、自分のスタッフにも「ください、ください」とお願いしに行けとは言いたくなかった。だから、「EPICをやれ」と言われた時も最初はできないと思ったんです。だって、当時の芸能界というか音楽業界はそういう常識だったから。でも、「お前の好きなようにやっていいよ」と言われたので、だったら「賞をくれ」だとか「テレビに出る」とか言わない人とやろうと思って行き着いたのがロックなんですよ。

――なるほど。

丸山　そういう順番なんです。それに当時のCBSソニーは芸能界真っ只中、アイドル真っ只中のレコード会社だったけど、それとは違うテイストのものからもヒットが出てきてたんですよ。吉田拓郎、猫、山本コータロー、バンバン。つまり、フォークだよね。みんながみんなアイドルをやってる時に、それとはちょっと違うところを僕は担当して、それが予想以上にうまくいくということは隙間があるということでしょ。ＥＰＩＣを始めた時も、「10年も経てばＣＢＳソニーを追い越すくらいの気概でやれ！」とは言われたけど、実際のところはみんなあまり期待してない（笑）。そもそも、ＣＢＳソニー自体がすごい上り調子だった時期だから。兄貴がすごく優秀だったら、最初から同じ土俵には立たないという作戦だよね。

――お兄ちゃんは学校の成績がいいから、弟は野球で頑張る、みたいな？

丸山　その時はまだライブが重要だということをわかってなくて、フォークみたいにラジオの深夜放送でプロモーションすればいいや、くらいに思ってたんです。でも、ラジオの深夜放送でもロックを相手にしてくれないんですよ。なぜか。フォークの人と違って、ロックの人は話がつまらないから（笑）。「ダメだよぉ。ロックの連中は〝ヘイ・ベイビー！〟しか言わないんだもん」と言われた時には、さすがに僕も吹き出しちゃったね。だから、他の出口を探さないといけないなあと思った時期に、宇崎さんに会い、住友さん、栗花落さんに会ったわけだね。

――それで、ＴＶＫが「出口」の1つになったわけですね。

丸山　そうだね。具体的にどういう経緯だったかは忘れちゃったけど、ベーシックなところはそういうふうに考えていました。ただ、スポンサードするのに条件を出したんですよ。

――えっ!?　どんな条件ですか。

丸山　「提供：ＥＰＩＣソニー」と出さないでくれって。
――（笑）。
丸山　スポットの枠も付いてくるんだけど、番組にウチのアーティストが出てればいいわけだから、スポットはいい、と。「その分は預けときます」という話にしてたら、すごい量になって、それを一気に使ったのが一風堂の「すみれ September Love」。あの時は、朝から晩まで、雨あられのごとく（笑）、ＴＶＫでは「すみれ September Love」が流れたんですよ。それは、今でも憶えてます。
――丸山さんが「えこひいきしないとダメだよね」と言われたことを強く憶えていると住友さんは話されているんですが、丸山さんが「えこひいきしないとダメだよね」と思うようになったのはどういう気持ちの流れだったんでしょうか。
丸山　80年代初頭までは、日本はアメリカのカルチャーの後追いでしょ。だから、時間差で欧米の音楽が日本で流行るのは必然だなと思ったんだけど、その頃の日本の音楽業界はみんなレコード大賞を獲ることばかり一生懸命やってて、ロックは誰も手をつけていないと言っていいような状況でした。そこに、先に手をつけたほうが勝ちだなと思ったのは事実です。一方で、そういう状況にも関わらずロックをやってる連中というのは、これはもう見上げた人たちですよね。そのなかでも一番いいなと思う人を自分が獲得できるんですよ。誰もやろうとしていないから。

――ということは、いろんなロック・アーティストがいるなかから選んで契約するということ自体が、「僕はあなたをえこひいきするよ」という表明だったわけですね。

丸山　そうそう。例えば当時のCBSソニーは年間25人くらい新人をデビューさせていたんです。だけど、EPICは4人か5人ですよ。その一方で、契約を終了するアーティストが同じ数くらいいたんだけど、それで僕がEPICをやってた10年間というのは、契約しているアーティストがずっと30人から35人の間でした。そうするとどうなるかというと、1人のアーティストにかけられるお金が他のレコード会社よりも圧倒的に多かった。「10人やって、ひとり当たればいいんだよ。音楽ってそういうものだから」という考え方があるけど、それも1つの真実だと思います。だけど僕はえこひいきが好きだから（笑）、それぞれにできるだけたくさんお金を出すわけ。そうすると、うまくいかなくて別れることになったとしても、本人もいっぱいお金を使ってもらったことはわかっているから、うまくいかなかったのは自分のせいだなと理解して別れるでしょ。そういうのが一番いいと思うんだ。そういうことも含め、やっぱりえこひいきは大事なんですよ。

――住友さんをはじめとするTVKの音楽班のスタッフも自分たちがいいと思うものをえこひいきしていった結果だと思うんですが、〝TVKがやってくれるといい結果が出てくるな〟ということを感じるタイミングがあったんですよね？

丸山　例えば佐野（元春）くんなんて、やってる時にはなんの効果もないように見えたよね（笑）。でも後から見ると、ＴＶＫに出続けていたおかげだなとわかる。つまり、ボディブローになっていたんですよ。言い換えると、テレビをライブハウスと同じような使い方ができたということだと思うんです。すごく贅沢な使い方だよね。ＴＶＫって、ライブハウスだったんだよ。僕の解釈ではね。

——一方で、ＴＶＫはクリップでアーティストの魅力を伝えることもいち早く積極的に展開していったわけですが、レコード会社でクリップとはじめとする映像での展開にいち早く取り組んだのはＥＰＩＣでした。

丸山　ビデオクリップの時代が来て、というか、そういう時代が来たと僕が勘違いして、ある年にはビデオクリップの制作予算を４月からの１年間の分なのに９月くらいには使い切っちゃったことがありました。僕は、そういう使い方をしちゃうクセがあるんだけど（笑）、それだけいっぱいクリップを作ったのにそれを流してくれる番組がないということがわかり、それでしょうがないからビデオ・コンサートというものを始めたんです。

——（笑）。流してくれる人がいないんだったら、自分たちでそういう場を作るしかないですよね。

丸山　そういうこと。で、やってみてわかったのは、ポップ系のアーティストにはビデオ・コンサートはすごく役に立つけどバンドにはあまり役に立たないということ。さっき映像の時代が来たと勘違いしたと言ったけど、最初は映像ならなんでもいいと思っちゃったんだよね。どういう映像がいいのかということはわかっていなかった。ただ、それにしてもビデオ・コンサートいう形はあまりにもうまくいったから各社がどんどんマネし始めたんです。そうなると、僕は混み合ってるところにいるのは好きじゃないから（笑）、さっさとやめて「eZ」[※1]に切り替えたんですよ。

――それまでに、自前でやることによって映像に関する重要なポイントがわかっていたから、もういいやということですね。

丸山　そうそう。乱暴な言い方になるけど、ポップスは映像を必要とするけれどもゴリゴリのバンドはやっぱりライブじゃなきゃ伝わらないということ。それはよくわかったから。

――ところで、外から見ていても社員がみんな面白がってというか、楽しんで仕事してるなあという会社があるもので、それは僕の中では例えば丸山さんがいらした頃のＥＰＩＣであったり住友さんがいた頃のＴＶＫの音楽チームだったりするんですけど、丸山さんはどういう会社が面白い会社というか、エネルギーを持った会社になると思われますか。

丸山　大きな会社になるとダメになるというのは１つありますよね。じゃあ、なぜ会社が大きくなるかというと新入社員が入ってくるからですよね。逆に、若い人がなぜそこにたくさん集まるかといえば、みんな流行っている会社に就職したいからですよ。その人たちは、今流行っていることを自分もそのままやり続けたいと考えてるんだと思う。だから、会社が新しいことをやろうとすると、「そんなつもりで入ったんじゃない」と言うわけで

※1　「eZ」
１９８８年から１９９２年までテレビ東京系列で放送された、ＥＰＩＣソニー制作の音楽番組。

すよ（笑）。でもいい会社というのは、誰もやっていないことを少人数でやり遂げたから面白い会社になってるんであって、新人はそれを見て入ってくるから、その前例を踏襲したがる。そういう連中が、面白いものを新しく作れるわけないじゃない（笑）。基本的にアーティストと同じで、前と同じことをやるというのはアーティスト活動じゃなくて、単なるコピーでしょ。サラリーマンも同じで、先輩が作ったもののマネをするのであればそれは単なるコピー屋であって、新しいものは作れないよね。

――新しいものをどんどん生み出したり、エネルギーが落ちない会社というのは、〝流行ってるのがいいな〟と思って入ってきた新人をうまく育てているということでしょうか。

丸山　育ったりはしないよ。

――そうなんですか⁉

丸山　上司は部下を育てることはできない。部下は上司を成長させることができる可能性がある。それが、僕の大事な座右の銘なんですよ。

――ということは、新入社員が訳もわからず言うことを、先輩や上司が受け止めて、そこから新しいものを作り出していく、と。そうこうしている間にその新入社員もさらに若い部下を持つようになり、その若者から突き上げられるなかで成長する。その繰り返しとして会社がエネルギーを持ち続けるということしかないということですか。

丸山　基本的に、新しいものを生み出してマーケットを動かしていくのは若い世代じゃないですか。ということは、中心的なユーザーに一番近いのは若い社員だということですよね。特にエンターテイメントの世界はそうですよ。だから、若い連中がいろいろ言ってくることを受け止める感受性があるかどうかが大事なのであって、上に立つ人間にリーダーシップなんていらないんですよ。

――TVKの話に戻すと、音楽番組の制作は若い世代への代替わりがどんどん進んでいるわけです。それにもかかわらず、引き続き住友さんが直接作った番組のような匂いがそこはかとなく引き継がれている印象があるのはどういうことだと思いますか。

丸山　住友さんはあまり仕事しなかったからじゃないかな。僕もそうだから。知らないよ。実際に住友さんがどういうふうにやっていたのか僕は全然知らないけど、多分住友さんの下の人から見ると「あの人は全然仕事しないなあ。しょうがないから俺がやるか」という人がいたんじゃないかな。もちろん、すごく大きなことの判断はしたかもしれないけど、日々の細かいことを仕切ったりは全然してなかったと思うよ。僕も同じで、僕がやってた頃のEPICなんて放し飼いみたいなものだったんだから（笑）。

――（笑）。仕切らないから、逆に下の人たちが上の人のものを引き継ごうとするということですか。

丸山　住友さんは、例えば新しい番組をやろうとした時に、赤坂には大きな芸能事務所もあるのに、そこには行かずに宇崎さんの事務所に行くわけでしょ。そういうことは、下の人も知ってる。その下の人が、何か新しいことをやろうとする時に「住友さんはこうだったから、俺はこうだな」と考えるでしょ。そういうことだと思いますよ。

——最後に、今後のＴＶＫについても聞かせてください。さっき丸山さんは「人間が一生懸命頑張る動機というのはいろいろあるけど、その１つに〝こんちくしょう!〟というのがある」と言われましたが、住友さんの基本的なモチベーションも開局当時「東京のチャンネルが全部見られるのに横浜にテレビ局なんて必要なの?」という反応を示した人や東京のキー局に対する〝こんちくしょう!〟という思いが大きかったように思います。その〝こんちくしょう!〟パワーは現代も有効でしょうか。

丸山　思うんだけど、住友さんはずっとやっている間にＴＶＫが評価されて、どこかで〝こんちくしょう!〟が薄れたんじゃないかなあ。今のＴＶＫの若い人も、何かやろうと思うんだったら、キー局と同じようなテレビマンだと思うんじゃなくて、ずいぶんバカにされてるとまず自分で思って、〝こんちくしょう!〟と思わないと。ただ、「今はインターネットの時代」と言われるけど、コンピュータをいじらないと見られないインターネットじゃなくてリモコンひとつで見ることができるメディアを持っているわけだよね。そこで何ができるかということを、〝こんちくしょう!〟で考えないと。だから、住友大先輩が今の若い人に何か言うとしたら、「僕も〝こんちくしょう!〟でやってきたから、みんなも〝こんちくしょう!〟でやってくれ」と言うのがいいんじゃないかと思います。

Close Up Interview 4

大友康平

Kohei Otomo

ミュージシャンとしての人となりを、オブラートに包まずにちゃんと放送していたのがTVKかもしれないですね。

『ファイティング80's』が始まった年にデビューしたHOUND DOGのフロントマンとして、TVKの様々な音楽番組に登場した大友は、TVKの番組に何を感じ、また何を期待しているのか。

大友康平

1976年、HOUND DOGを結成。80年にアルバム『Welcome To The Rock'n Roll Show』、シングル『嵐の金曜日』でメジャー・デビュー。軽快なロックンロールと重厚なバラードを武器にライブでは絶大な評価を得る。85年シングル『ff（フォルテシモ）』、アルバム『SPIRITS!』が大ヒット。その後『Only Love』『Ambitious』『BRIDGE』など数多くのヒットを生み出し、アルバム『GOLD』『BRIDGE』はオリコン1位を獲得。2020年にはデビュー40周年を迎えた。また、数多くのバラエティドラマや映画にも出演し、役者としての評価も高い。

――HOUND DOGとTVKとの出会いというと、1980年の元旦に放送された特番『これが全国ミュージックシーンだ！』が最初ですか。

大友 そうですね。HOUND DOGのデビューは1980年の3月21日なんですが、その前の年の年末、12月20日に武道館で行われた内田裕也さんのイベント〝ロックンロールBAKA〟に出させてもらい、さらにはこれまた裕也さんが大晦日に浅草公会堂でやられていた〝NEW YEAR ROCK FES〟に出て、そのままTVKに入って、その元旦の生番組に出演したんです。そしたら宇崎さんが司会で、僕らの前にアナーキーが出たんですけど、アナーキーが「ノット・サティスファイド」という曲をやったら、宇崎さんが盛り上がってしまって(笑)、アナーキーはその後も何曲か演奏する予定だったのに、そこで舞台に上がっちゃったんですよ。おかげで、番組自体がシャバダバな感じというか(笑)、すごく押しちゃったっていう。そのことをすごく憶えています。僕らも「嵐の金曜日」をはじめとして、その時にやった曲にもすごく自信を持っていたんだけど、宇崎竜童さんはアナーキーに興奮してしまったんだなあって。

――(笑)。住友さんが保存されているその番組の台本を見ると、HOUND DOGは前々日の30日に演奏パートを先に収録したようなんですが、5曲か6曲という曲数をテレビ局のスタジオで、テレビカメラの前で、演奏するというのはそれ以前にはあったんですか。

大友 いや、多分なかったと思いますよ。

――とすると、初体験ということになる本格的なテレビでのスタジオ・ライブというものに臨んだ時の気持ちはどんな感覚だったか憶えていますか。

大友　その頃はまだ、緊張も何もないんですよ。デビュー前ですからね。単純にテレビの番組に出演できるという喜びと、自分たちを扱ってくれる嬉しさしかなかったですね。

――その年の4月に、同じく宇崎さんの司会の番組『ファイティング80's』が始まり、番組終了までの3年間にHOUND DOGは3回出演されています。『ファイティング80's』についてはどんなことが印象に残っていますか。

大友　蒲田の日本工学院専門学校ですよね。リハが終わると、食券を出してくれるんです。それで、蒲田の商店街の好きなところで食べられるっていう。好きなところとは言っても、中華屋さんかほかほか弁当くらいしか選べないくらいの額なんですけど（笑）、そのことは印象に残ってますねえ。だって、僕らもまだお金なかったですから。ライブしに行ったら、ご飯も食べられるというのは嬉しいですよ。

――放送された自分たちの演奏を録画して見るというようなことはありましたか。

大友　どうだろう？　そもそもビデオを再生するデッキをまだ誰でも持ってるわけじゃないという時代ですからねえ。事務所でちょっと見ることはあったかもしれないですけど、当時はとにかくライブ、ライブ、で日本中を飛び回ってる時期だったからしっかり見るということはなかったんじゃないかなあ。

――それは、『ファイティング80's』のステージが、テレビ番組の収録ではあっても連日のライブと同じような感覚で臨める現場だったということでもあるんでしょうか。

大友　それは、その通りだと思います。普通の音楽番組の収録だと、サウンドチェックがあって、カメリハがあって、ランスルーがあって、という感じですごくややこしいんですけど、『ファイティング80's』は1回リハやるだけで、本番は普通のライブと同じように自分たちのペースでやれて、その間にMCもちゃんと入れられたから、テレビ番組云々ということを意識しなくてもよかったんですよ。だから、僕らが普段やってるライブをコンパクトにして紹介してもらったという感じがありました。

――楽曲とライブ・パフォーマンスという、HOUND DOGが一番自信を持っていた部分を押し出してくれた番組だったわけですね。

大友　そう思います。発展途上というか、これから行くぞ！というバンドやシンガーにとって、あんなに素敵でありがたい番組はなかったんじゃないかなと思います。

――『ファイティング80's』に続くライブ番組として、TVKは86年から『ライブトマト』という番組をスタートさせます。その第1回目の出演バンドがHOUND DOGだったんですが……。

大友　そこにレッド・ウォリアーズもいましたよね？

――はい、レッド・ウォリアーズは注目新人アーティストという扱いで番組のコーナー・

レギュラーでした。その『ライブトマト』に出演した際に何か印象に残っていることはありますか。

大友　それは……、やっぱり『ファイティング80's』の印象が強いんですよ。というのは、当時の僕らは自分たちのことを多分知らないなというお客さんも前にして〝今に見てろよ〟という気持ちでやってたわけですけど、『ライブトマト』の時にはもうヒット曲も出て、ある程度全国的に認知してもらってましたし、各局ともロックを紹介してくれる番組がありましたから。ただ、その先駆者はＴＶＫであり住友さんであり、と僕は思ってましたから、そこの新しい番組が始まるというエポックメイクなタイミングに呼んでくれたんだなということはその1回目の時には思っていました。

――ＴＶＫの音楽チームはいろんな番組でHOUND DOGをフォローしていたわけですが、ある時ツアー先の稚内まで追いかけていったことを、担当ディレクターだった正さんは非常に印象深く憶えていると話していました。

大友　あれは、大傑作でしたね（笑）。確か、5月のアタマくらいの時期だったんですよ。ところが正ちゃんたちが来る2日前くらいに異常気象になって、5月なのに雪が降ったんです。だから、ライブが終わって食事に行く頃にはもう氷点下ですよ。そこに、5月の東京とか横浜で暮らしてるような服装で来てたからもう震えあがってましたよね。「馬鹿だなあ。ちゃんと調べて来いよ。日本って広いんだぜ」って、みんなで笑ってたんですけど

（笑）。ちなみに、稚内の次の公演が移動日を1日はさんで沖縄だったんです。沖縄に着いたら30度を超えてましたから、「やっぱり日本は広いな」と思いましたよね。

――TVKのチームが稚内まで追いかけていったのも、1つには住友さんをはじめとするスタッフが、楽曲やライブの魅力を伝えるのはもちろんだけれども、それに加えてその音楽を作り演奏している人間がどういう人なのかを伝えようとしていたからだと思います。そういう姿勢は、もしかしたらアーティストのなかには面倒臭いと感じる人もいるかもしれませんが、大友さんはどういうふうに受け止めていましたか。

大友　確かに、ロック・ミュージシャンというのはある意味では、曲を聴いて欲しい、ライブを見てほしい、というのがすべてだと思うんです。逆に言えば、それ以外の部分は見えないほうが、あるいは見せないほうがいい、という面もあると思うんですよ。でも僕の場合は、デビュー当初からラジオのパーソナリティーをやっていて、その頃ステージではほとんどしゃべらなかったんだけど、実際にはよくしゃべるというか、そういう二面性がある男だということはファンの人たちは知ってましたから。それに、ミュージシャンのなかには本当にしゃべるのが苦手という人もいますけど、僕はしゃべりで相手を納得させるということも大事なことだと思っていましたから、僕の場合は、その両方の面を紹介してもらったことはありがたかったですね。それに、たまたま稚内の話が出ましたけど、そうやってツアー先まで追いかけてきて、ツアーで動いている人間の息遣いというか、リアルな有り様を伝えるというのは、本当にありがたかったし、音楽番組としてすごくいいことだよなあと思いますね。

――ちょっと番組の話からは外れますが、バンドの地力というか、演奏力とは別にバンドが持つべきパワーというものがあるように思うんです。例えば今日は雪が降る稚内でライブをやり、移動日をはさんで次の日は30度以上の気温差がある沖縄でライブをやるというような経験をバンドとして積み上げていくということはバンドの地力を引き上げていく上ではやはり大切なことでしょうか。

大友　う～ん……、どうなんだろうなあ。まあ、僕たちは旅が好きで、お酒が好きで、ライブが好きだったからね。昔よく言ってたのは、「酒が飲める修学旅行だ」って（笑）。その街の駅か空港に降りて、ホールに入ってライブをやって、繁華街でご飯を食べてお酒を飲んで、一晩泊まるっていう。その街を肌で感じると言えばいいですかね。それが、ツアーの醍醐味の1つだと思うんですよね。

――ライブ・バンドという言い方とは別に、ロード・バンドという言い方でバンドを形容する場合がありますが、HOUND DOG はライブをたくさんやるライブ・バンドであるだけじゃなくロード・バンドでもあったんですね。

大友　例えばヒット曲を出すとかアルバムが何十万枚売れるとか、ものすごくビジュアルが秀でていて写真集がたくさん売れるとか、そういうことができる人たちというのは独特の才能を持った、だからこそ凡人には理解しにくい世界に生きていると思うんです。でもHOUND DOGは、いつも言ってることですが、みんな特別才能があったわけでもなくて、ただ「1つのことをずっと好きでいられるのも才能だ」という言葉を聞いて、その時に〝俺は旅と歌うことがずっと好きだ。それも才能なんだ〞と思ったんですよ。それは、普通の人も持てる才能ですよね。だから、普通のあんちゃんたちが、普通に旅をしながら、ステージに上がった時だけでちょっと輝いてるっていう。ずっとそういう意識でしたね。

——そういうところまで含めたHOUND DOGの全体をちゃんと伝えていたのが、TVKだったんでしょうか。

大友　そう！　ミュージシャンとしての人となりを、オブラートに包まずにちゃんと放送していたのがTVKかもしれないですね。

——そのTVKの番組の思い出の1つはシウマイ弁当、という話をTVK20周年の記念パンフでされていましたね。

大友　シウマイ弁当は、ベスト・オブ・ベストですよ。シャーリー（富岡）さんがパーソナリティーをやっていらした頃の『ファンキー・トマト』に呼ばれた時に、局を入っていって左に行くと異常に狭い（笑）、楽屋があって、そこにいつもシウマイ弁当が5つくらい積んであるんですよね。だから、TVKで仕事の時は「局で収録？」といつも事前に確認してました（笑）。それから、いま話してて思い出したんですけど、TVKの思い出ということで言うと、僕らはマザー・エンタープライズという事務所を作って、そこには尾崎豊もいたし、さっき話に出たレッド・ウォリアーズもいたし、ストリート・スライダーズもいて、というそれなりの規模のロック事務所になったわけです。で、そこには何人もスタッフがいるわけですけど、彼らがそれぞれに「住友さんと会食」という領収書を出すわけですよ。でも、よく見ると日にちが何人もかぶってるんですよね（笑）。それで社長がみんなを集めて、「住友さんという人がＴＶＫには何人いるんだ！」と怒ったっていう。

――（笑）。住友さんは一人しかいないですが、みんな住友さんに会いに行って、いろんな話をしていたというのは事実ですよね。

大友　住友さんと話せば、テレビ出演とかクリエイティブな話ができるということはみんなわかってるから、だからみんな「住友さん」と書けば領収書も落ちるだろうと考えるわけですけど（笑）、それは違う言い方をすれば、住友さんという名前を出されたら、その話には絶対応じるしかないっていう。それくらい大変お世話になったということであって、僕らの世代はみんなそうじゃないかなあ。住友さんの人望と、住友さんの信念と、日本の音楽をもっと良くしたい、広めたい、もっと豊かなものにしたいという思いを、みんな感じ取っているんだと思いますよ。

――最後に、デビュー前から始まったＴＶＫとの付き合いというか関わりもずいぶん長くなりましたが、これからのＴＶＫがこんな感じだったら面白いなと思うことがあれば、聞かせていただけますか。

大友　僕は野球好きなので、夏の甲子園大会の神奈川予選を1回戦からきっちり放送してくれるのがすごく嬉しいんですよ。基本的には保土ヶ谷球場からの中継がメインですけれども（笑）。それにしても、高校野球の予選を生中継したのはTVKが一番早かったんじゃないかなあ。それにもちろん、『ファイティング80's』のように日本のロックを真正面から紹介したのも、その草分け的な番組だと思うんです。それに対して、今のエンターテイメントを取り巻くメディアの状況というのは、情報量は多過ぎて、なんだか窮屈で、おおらかさがなくて……、という感じがするんですよね。だからこそTVKの今のスタッフは、開局当初の心意気というか、新しい世界を切り開いていく気持ちを忘れないでいてほしいなと思うし、逆に住友さんの世代には自分たちがやってきたことを熱く新しい世代につないでいってほしいなと思います。

第3章

音楽映像の時代がやって来た！

新しい波を捕まえる

少し時間を戻そう。

76年に『ヤング・インパルス』が終了した後、住友は『ハウディ！カントリー』[※1]というカントリー・ミュージックの番組を担当していたが、78年10月には『ファンキー・トマト』をスタートさせている。先に、住友が米米CLUB起用の思い出を語った番組である。

住友は、この番組を「その頃「POPEYE」[※2]という雑誌がすごく売れてて、そういう内容をテレビとしてやるとどういう番組ができるんだろう？ という話から生まれてきた番組です」と説明する。

「生放送で、若い人が興味のあるいろんな情報を扱う情報番組として、何か面白いことができないかなあと考えていたんです。扱う情報の要素の1つとして音楽があり、さらには海があり、ファッションがあり、というイメージで、特に海については番組が始まると〝WE LOVE THE SEA〟というキャンペーンを展開したんだけど……。ただ、雑誌をテレビ化するということほど無謀なことはなくて、雑誌はすごくたくさんの人がいろんなものを持ち寄って作り上げているわけだけど、ウチはそんな機動力を持ち合わせていないから。それでも、テレビの生放送で面白くやれることを考えてやってみよう、と」

※1『ハウディ！カントリー』
77年10月スタート。日曜・午後7時からの55分番組。司会はスマイリー小原と伊東きよ子。サンテレビ、近畿放送にもネットした。

※2「POPEYE」
1976年、〝Magazine for City Boys〟というサブタイトルで創刊。従来の男性誌にはなかった、都会的でおしゃれなライフ・スタイルを提示して、たちまち人気雑誌に。流行やカルチャー情報に敏感な男子が〝ポパイ少年〟と呼ばれた時代もあり、現在も10代後半から20代前半の男性を中心とする層に向けてファッションやカルチャーの情報を発信し続けている。

タイトルは、「ニューヨークがBIG APPLEなら横浜はTOMATOだ。でも、BIG TOMATOは変だからFUNKY TOMATO」。というわけで、『ファンキー・トマト』、通称ファントマに決まった。

「ただ、この番組には海外のアーティスト、例えばa～haやブライアン・アダムス、それからニュー・キッズ・オン・ザ・ブロックとか、そういう連中が来てスタジオ公開ライブをやっていたんだけど、ある時アーティストが番組のタイトルを聞いてクスッと笑うんですよ。トマトはスラングで下半身を意味するそうで、そのトマトにファンキーが付いているから、すごいタイトルだと思ったらしい（笑）」

「POPEYE」のテレビ版というコンセプトだから、音楽や海の情報だけでなく、様々なエンターテインメントや西海岸を中心とした海外の最新流行なども紹介していく、いわばカルチャー情報番組とでも言うべきプログラムだが、なかでも海の情報については当時大人気だったサーフィンにスポットを当て、プロのサーファーが登場して「明日の波は……」といった調子で、気象予報士のように波の状況を説明するコーナーが話題を呼んだ。

そして、忘れてはいけないのが音楽だ。少なくとも住友は、『ヤング・インパルス』から始まった音楽を扱う系譜が途絶えることを恐れていた。

「洋楽であろうが邦楽であろうが、とにかく音楽を絶やさずに継続的にやっていかないとゼロからまた新たに立ち上げるということは難しいでしょ。音楽という柱があってこそだ、という気持ちがあったから」

ただし、ここでの音楽の扱い方はライブではなく音楽映像が中心になった。

「まず予算的なことも踏まえて番組で音楽を紹介しようとしたらどんなことができるか考えた時に、音楽映像を使って紹介しよう、と。ただ、当時はまだPV[※1]（プロモーション・ビデオ）はほとんどなくて、ライブ・フィルムだったんだけど。構成としては、「POPEYE」、それに当時のAM[※2]ラジオを意識して、いろんな情報を紹介するなかに音楽を、しかもそれはおしゃれでカッコいい洋楽を折り込んでいってテンポのいい番組にしよう、と。言ってみれば〝AMテレビ〟みたいなものがやれれば面白いよねという考えでした」

78年10月にスタートした時のパーソナリティーは南佳孝と竹内まりや。南は、坂本龍一がすべての楽曲のアレンジを担当したラテン・フレイバー香る意欲作『SOUTH OF THE BORDER』をリリースしたばかりの時期で、一方の竹内はデビューを1ヶ月後に控えるというタイミングでの抜擢だった。そして、南は翌79年4月にリリースしたシングル曲「モンロー・ウォーク」がスマッシュ・ヒットを記録し、竹内は79年のレコード大賞新人賞を受賞。ここでも、新しい才能をいち早く見出した形になったが、注目すべきは番組で取り上げる音楽がすべて洋楽だったのにも関わらず、エンディング・テーマとして「モンロー・ウォーク」をリリース時からフィーチャーしていたこと。しかも、ライツ・フリーのサーフィン映像に乗せてその楽曲を聴かせる形は、言ってみれば独自PVを使ったヘビー・ローテー

※1　PV（プロモーション・ビデオ）
音楽をプロモーションするための映像素材。ミュージック・クリップ、あるいはクリップとも言われたが、現在ではMV（ミュージック・ビデオ）と呼ぶのが一般的。PVと呼ばれていた時代には宣伝のツールという位置付けだったが、やがて予算をかけて映像作品として完成度の高いものが作られるようになり、その結果として映像商品として確立。また、有料チャンネルで放映される際に使用料が放送主体に課されるようになったことも、映像作品としての価値が認められる追い風となった。本書では、発言者がPVと言った場合はそのまま生かしているが、基本的にはMVという表現を使っている。

※2　AMラジオを意識して
第2章でも触れたが、60年代半ば以降、音楽を中心としたサブカルチャーの情報を発信する中心はAMラジオの深夜放送だった。しかし80年代に入ると全国でFMラジオの開局が進み、周波数特性から高音質なFMが音楽情報を扱うメディアとしての位置を高めていった。

ションだ。この番組のサーフィン情報を確認して湘南に繰り出していたような若者たちに、その音楽と映像がカッコよくインプットされたであろうことは想像に難くない。

それより先、79年の正月にもこの番組をさらに進化させる1つの〝事件〟があった。1月3日に『新春ロック・スペシャル・電リクワイド210』と題して海外アーティストの映像を電話リクエストに応えてオンエアする特番を放送したところ、リクエスト[※1]が殺到して電話局を右往左往させる事態を引き起こしたのだ。これを受けて、『ファンキー・トマト』では、海外アーティストの映像のリクエストを電話で受け付けてどんどん紹介していくというスタイルを79年の春からレギュラー化。営業部門も、黒田征太郎[※2]の手に成るイラストを表紙に載せたセールスシートを作成し、〝TV界初の電リクレギュラー番組〟を謳って積極的に『ファンキー・トマト』を押し出していった。

80年4月からはシャーリー富岡[※3]と植田芳暁《よしあき》[※4]をパーソナリティーに起用。今度はシャーリーの名前を冠した新企画が注目を集めることになった。トロピカル・ドリンクを紹介する生コマーシャルのコーナーだ。

「生コマーシャルはキー局もやってましたけど、そのやり方が違ったんです」と、営業部に所属した住友の同期・宇井良太がその独自なやり方を解説してくれた。

「サントリーの生コマーシャルをやるとなった時に、〝シャーリーズ・バー〟なんて言っちゃって、サントリーのトロピカル・カクテルを作ってみたりするわけですよ。しかも、

※1　リクエストが殺到　セールス・シートで紹介された「リクエストが多かったアーティストのベスト10」は以下の通り。1位＝KISS、2位＝レッド・ツェッペリン、3位＝クイーン、4位＝リッチー・ブラックモア・レインボウ、5位＝JAPAN／ロッド・スチュアート／ABBA／ローリング・ストーンズ、7位＝チープ・トリック、8位＝フォリナー、9位＝イエス、10位＝ロゼッタ・ストーン

※2　黒田征太郎　1939年生まれ。69年に帰国すると長友啓典とデザイン事務所「K2」を設立し、イラストレーター、グラフィックデザイナーと活躍。P287参照。

※3　シャーリー富岡　DJ、音楽ナビゲーター。80年4月から10年間、『ファンキー・トマト』の司会を務める。その後、TOKYO-FM、NHK-FMなど各局でDJとして活躍。

※4　植田芳暁　ザ・ワイルドワンズのドラムス兼ボーカルとして1966年デ

それに2、3分の尺を使って、今で言うインフォマーシャルみたいな感じの生コマにしていたんです。番組なのかコマーシャルなのか、よくわからない感じに見えていたと思うんですよね」

従来の生コマーシャルが単に商品情報を伝えるだけだったのに対して、しっかり尺をとって洒落た演出のもとで商品の魅力をより良く伝える見せ方が斬新だったわけだ。当然、反響は大きかった。

「そういう見せ方に、サントリーみたいに宣伝で業績を伸ばしてきた会社が、興味を持ってくれたわけです。提供料も、キー局よりきっと安かっただろうから、言ってみれば趣味道楽でお金を出してみたら意外に良かった、という感じじゃないかなあ（笑）。あっという間に、スポンサーについていただけましたから。当時サントリーは僕が担当していたので、サントリーの評価が高いのは感じていたし、実際サントリーの宣伝部の人が毎週面白がって立ち会いに来るんですよ。生コマがあるから。そうすると、赤坂のビルの6階にあった宣伝部に行くと、どなたとも挨拶ができるんです。これは、面白いですよね。で、その状況は代理店サイドから見ると〝この媒体は絶対手放してはいけない〟と思うんでしょうね。そうなると、仕事はより面白くなっちゃいますよ」

その生コマーシャル企画が話題を呼んでいた頃はちょうど、TVKというテレビ局がメディアとして価値を認められてきた時期でもあった。

ビュー。71年の解散後もミュージシャンとして活動を続けている。

「何しろ、こんなメディアはなかったんですから。キー局があるじゃないかと言われるかもしれないけど、それにしたってキー局にNHKを足した6つのチャンネルの次、7番目の電波なわけじゃないですか。それも、東京、神奈川を中心にしたエリアを持つ局ですよね。それは、大きいですよ。それに、各スポンサーもエリア・マーケティングということをすごく気にしていたんです。もう一度、見直そうという動きがあって。そこにはいろんな伝説があって、例えば、あるメーカーは横浜に営業所がなかったんだけど作ってみたら1年ほどで東北六県と同じくらい売り上げが上がったとかね。当たり前と言えば当たり前なんですよ。だって、人口が多いんだから。それにしても、そういう伝説が生まれるような地域ではあったわけです」

そう話す宇井が、営業の立場から見て自社の音楽番組に自信を持つようになったのもまた、この時期である。

「僕自身が、ウチの音楽番組はイケるなと思ったのは、『ファンキー・トマト』が立ち上がった時。当時はPVなんてないからね。それを、僕の前任の人たちがサントリーなんかに、こんな面白い企画がありますって、持って行ったわけですよ。そういう形で、キー局がやらないことに大手のスポンサーがついてくれたんです。で、大手のスポンサーがついてくれると、最初は少し数字が多少悪くても局としてもやめられない。で、続けているとどんどんスポンサーがついてくるわけです。その後には『夕焼けトマト』が始まって、そのあたりからもう一気に音楽番組は柱になっていきました。ＰＶが出てきたのも良かったんでしょうね。『ファンキー・トマト』の後『夕焼けトマト』があって、『ミュージックトマト』になって、『ライブトマト』で〝音楽は商売になる〟ということをいよいよ感じるようになるんですけど」

ＭＴＶブームを日本にも引き寄せる

「ＰＶ（ＭＶ）が出てきたのも良かった」のは営業部門だけではない。制作の現場こそ、この新潮流にいち早く反応したＭＶを番組に積極的に取り入れた姿勢は、キー局はやらないことだが音楽ファンのニーズは先取りしているという、ＴＶＫの真骨頂が現れた典型例の１つと言っていいだろう。ＭＶを扱う番組ということで言えば、キー局でもＡＮＢ[※1]系の『ベストヒットＵＳＡ』などいくつかあったが、音楽の魅力を伝える表現としてＭＶの有効性に気づかず、そのほとんどは音楽ファンの支持を得ることなく終わっていった。

「すごい予算をかけて作った映像を全部タダで使えるわけだから、お金のないＴＶＫにとってはノドから手が出るほど欲しいというか、ありがたいものだと思って、どんどん流すことにしたんです。当時聞いた話では、キー局の人たちには他人が作ったものを自分の

※1　ＡＮＢ
Asahi National Broadcast（＝全国朝日放送株式会社）の略。２００３年に社名を株式会社テレビ朝日に変更した際に、略称もＥＸとなった。

番組で流すのは屈辱的だという考えがあったそうだけど、ウチはそんな発想は全くなくて、〝いいものはいいじゃない〟ということですよ。下世話な話をすれば、洋楽のＰＶは１本の制作費に何百万、何千万もかけているわけで、それを１日に10本くらい流すわけだから、総制作費を考えたらすごい額ですよね。それで番組制作者と言えるのか、と言われるかもしれないけど、関係ないよと思ってたから」

こう話す住友は、83年にＭＶを中心に構成する番組を一気に３本もスタートさせた。

この一気呵成な進め方も実に住友流だが、その３本の番組に詳しく入り込む前に、その底流にもなったいわゆるＭＴＶブームを簡単に振り返っておこう。

世界初の24時間ロック専門テレビ局としてＭＴＶがスタートしたのは81年８月１日のこと。当時のアメリカＴＶ界はＡＢＣ、ＮＢＣ、ＣＢＳの３大ネットワークが文字通り牛耳っていたが、ＭＴＶはわずか数年で音楽シーンでは最も影響力があると言っても過言ではないほどのメジャー・メディアに成長した。その背景として、全米ツアーをしなくても〝動く姿〟をファンに見せられるということ、すでにフォーマットでがんじがらめになっていたラジオ局とは違って自由な選曲が可能だったこと、テレビだからティーンでも簡単に楽しめたこと、といったヒット醸成要素が重なっていて、つまりはヒット曲を生み出すメディアとして無視できない存在になったわけだ。「ＰＶ時代」を代表する作品と言えばマイケル・ジャクソンの「スリラー」だろうが、その映像が全米を、そして世界を席巻したのが

82年。以降、80年代を通して、デュラン・デュランやカルチャー・クラブといったイギリスのニュー・カマー、さらにはメン・アット・ワークやインエクセスといったオーストラリアのバンドが全米制覇を果たす上で大きな影響力を発揮し、その人気はもちろん日本にも波及したのだった。

住友が、MVを使った番組に手応えを感じたのは82年の11月だ。

「『夕やけトマト』という、中高生が帰宅する時間を狙った洋楽の帯番組を始めたんです。その視聴者の反応を見ていると〝これはいけるかもしれない〟という感じだったんですよ。それで、『ファイティング80's』が終わった直後の83年4月に『夕やけトマト』を『ミュージックトマト』にタイトルを変え、月〜金の帯の1時間番組としてあらためてスタートさせました。当時ラジオでヘビーローテーションという形が流行っていて、これはと思う曲を何度もかけることでヒットが生まれていくという状況を見ていたから、PVを使ってそういうヒットを作れないかなという気持ちもあったんです」

そこに、レコード会社の洋楽担当のなかでも特に欧米の最新事情に詳しかったソニーミュージックの高橋裕二からのサジェッションもあり、MVを使った番組作りにさらなる広がりが生まれていった。

「アメリカで生まれつつあった動きに倣って、ブレイクしそうな曲やPVがあれば、そのCMはスポットを作って番組で流そうという話になったりもして、レコード会社と持ちつ持たれつの関係が生まれました。そういう時代を待っていた、という感じも僕らにはありましたね」

続いて、10月には『ビルボード全米ヒットチャート50』をスタートさせた。パーソナリティーには、『ファンキー・トマト』のレポーターとしてＴＶＫデビューを果たしていた中村真理を起用した。

「当時、ＦＥＮ[※1]で『全米トップ40』という番組をやっていたんですが、これもソニーミュージックの高橋さんと話しているなかで「それをテレビ化しよう」ということになり、ビルボードのチャートの管理しているところに許諾を得て始めたのが、『ビルボード全米ヒットチャート50』です。幸い、チャートの使い方や番組の内容に関する縛りは全くなくて、むしろそのチャートをベースにしてオリジナルなコーナー企画を設けたりすることで新しく洋楽ファンを開拓していくことにもなっていったと思います」

この番組は、２０１２年に「同一ビデオジョッキーによる最も長寿な音楽番組」としてギネス世界記録に認定され、２０２１年の現在も終わることなく続いている。

※1　ＦＥＮ
Far East Network。世界各地の、米軍が駐留する地に設けられた基地関係者とその家族に向けのラジオ／テレビ兼営放送局。97年、ＡＦＮ（American Forces Network）に改称した。

ビデオ規格の覇権争いから生まれた「使える」番組『SONY MUSIC TV』

そして、12月に始めたのが、200分にわたってノンストップでMVをどんどん流していく『SONY MUSIC TV』だ。

この番組の誕生を考える上で忘れてはならないのは、70年代半ばから続いていた家庭用ビデオレコーダーの規格をめぐるメーカー間の覇権争いである。当初は、各メーカーがそれぞれの方式で競い合っていたが、やがて様々な理由からソニーの「ベータ方式」と日本ビクターが開発した「VHS方式」に収斂されていき、80年代初めの頃には2つの方式のガチンコ対決という状況になっていた。そこで、ソニーはおそらくソフトの魅力をアピールする戦略を立てたのだろう。

「ソニーから言ってきたんです。ベータの3時間20分をアピールしたいって」と、宇井が当時を振り返る。

「それで、住友と2人だけで〝こういう話なんだよ。なんとかなるかな?〟という話をして。で、当時だから、手書きですよ。企画書を書いて。博報堂さんだったかな、それを持って行ったら、さらに話が大きくなって……。最終的には、僕らがソニーの営業さんのところに行って、直接決めちゃったんです。だから、（スポンサー料は）すごい額になっちゃった（笑）。

常識外ですよ」

営業担当としては間違いなく大仕事になったわけだが、「僕は担当してただけです」と宇井は素っ気ない。ただ、数あるメディアのなかからＴＶＫに話が来て、最後には直接折衝で話が決まったという経緯を聞けば、彼とソニーとの間に確かな信頼関係があったからこその話だろうということはうかがい知れる。

「あの番組はＫＢＳ京都にも、それからサンテレビにもネットして、売り上げ的にも全然違う次元の話になりました。そうなった時に、キー局とは違う立場に立てたなと思いましたよ」

宇井が「常識外」の額と言ったソニーの番組が成立したおかげもあってだろう、「このままでは債務超過に陥る非常事態」と取締役会で報告された前年82年から一転、この年の経常利益は創業以来最高の数字を記録した。

先に一気呵成と書いたが、もちろん住友は、その3つの番組の内容をちゃんと色分けして考えていた。

「まず『ミュージックトマト』は『ファンキー・トマト』のＡＭラジオ的な側面をさらに進化させた〝ＡＭテレビ〟という位置付けで、しかも月〜金の帯だから量の展開ができるということも踏まえてヘビーローテーションでヒット曲を作っていくということを意識していました。『ビルボード～』はチャート番組で、『SONY MUSIC TV』はとにかくPVがずっと流れている〝ながらTV〟とでも言えばいいのかな、BGMみたいなものですよ。番組のアタマからでなくても、どこから見てもいいよっていう。当時流行っていた環境ビデオみたいなイメージもあったと思うけど、とにかく3時間20分という長尺の番組なんてキー局ではあり得ないから。でも、それが見る人にとって使い勝手がいい番組なんじゃないかと考えていました」

「見てためになる」でもなく「泣ける」や「笑える」でもなく、「使い勝手の良さ」という価値を番組に設定するのも独特だが、実際に住友は、先に書いたビデオレコーダーにおけるメーカー同士の「覇権争い」という背景もあってか、番組を録画してそれを店舗で流すといった「使い方」も想定していたようだ。

「敢えて司会者的な人間をおかずにどんどんPVを流すことにしたんだけど、そういう構成だと、例えばディスコのブレイクタイムにそれを流すとか、そういうツールとしても使えるわけで、人が出てきて喋れば、その喋った内容は翌日にはもう古くなってしまうことだってあるでしょ。番組の途中から見ても楽しめるし、何かをしながらBGMとして流すとか、そういう見方というか使われ方をしてもいい。音楽番組がいろいろあるなかで、1つの番組が担う位置ということを考えた時に、『SONY MUSIC TV』はそういう独特という か全く新しい位置に、当時あったと思います。ただ、PVというものは曲と映像で訴求力はとても強かったけれど、聞く人、見る人の想像力を否応なしに制限してしまうのではないか、つまり音を聴きながらいろんな映像を自分で思い浮かべ、楽しむという自由を奪うのではないだろうかという危惧も感じてはいたんですが」

84年に「ロッキングオン」誌編集長（当時）の渋谷陽一と対談した雑誌記事を読むと、『SONY MUSIC TV』の大胆な構成は先行した3本のMVを使った番組、すなわち『ファンキー・トマト』『ミュージックトマト』、そして『ビルボード全米ヒットチャート50』の視聴者からの反応も踏まえてのものだったことがわかるが、そこで渋谷は「これまでの3本がAM的な作りだとすると『SONY MUSIC TV』はFM的ですよね」と話している。その鋭い指摘を、住友は受け入れた上でこう話す。

「その意味では、『ファイティング80's』も『ライブトマト』も、もしかしたら『ヤング・インパルス』もそうかもしれないけど、AMと言うよりはFMですよね。そういうものの見方というか感覚は、ずっとあったかもしれない」

ブルーハーツの人気に火を点ける！

『ミュージックトマト』はヒット曲を作るということがテーマだったが、単純にいい曲を応援すればいいというわけではない。「これは売れる」と誰もが考えるような曲を応援して、仮にその曲がヒットしてもＴＶＫとしてのインパクトを業界や視聴者に対して印象付けることはできないからだ。しかも、視聴者のメインターゲットとして中高生を考えていたということだから、ＭＶの選曲は自ずと若いアーティスト、それも新人が中心になっていった。ただ、その結果として「ＴＶＫでプッシュされるとヒットにつながる」という認知が広がれば、各社のプロモーション攻勢が勢いを増すことになるわけだが、その交通整理に追われるようなことはなかったと住友は振り返る。

「あの番組では、アメリカだろうがイギリスだろうがオーストラリアだろうが、とにかくいいと思う新人のアーティストを見つけて、それを押していくということをやっていきました。そこで、オンエア曲を選ぶのはＴＶＫの仕事であって、各社のプロモーションは参考にはするけれど、あくまでも選曲はＴＶＫに任せてほしいというスタンスだったから、変な軋轢はなかった。だって、１日に洋楽のクリップが約10曲、月曜から金曜までののべ50曲かかる番組なんて他になかったんだから」

そして、キー局よりも後発で、ネットワークという広がりもないことが開局時点では大きなハンデだったわけだが、こうして自前の価値が認められてくると、独立局であることが逆に有効になってきたりもする。番組の内容が長年の人間関係に引きずられたり、関係各所の調整に労力を費やす必要がなかったからだ。

「基本的には、しがらみなんて何も無い。ネットワークを気にする必要もないし。まさに、ＴＶＫがインディペンデントであったということが大きいと思います。84年の4月には『ミュージックトマトJAPAN』を始めてしまったんだけど、その時点[※1]ではまだ邦楽のPVはそんなに数はなかったんです。それでも、放送する場を作れば各社ともプロモーションのために作るだろうという予測のもと（笑）、30分番組だけど夜の時間帯にこれも帯で始めて、さらには僕ら自身もいろんなアーティストのPVをレコード会社からの発注を受けて廉価で作りました。結果、PVの数も徐々に増え、ヘビーローテーションを組めるようになってきて、そのなかからザ・ブルーハーツの「リンダリンダ」[※2]やアンジーの「天井[※3]裏から愛を込めて」が大ヒットしたんです」

作家の吉本ばななは、ある雑誌のコラムに「アンジーの「天井裏から愛を込めて」やザ・ブルーハーツの「リンダリンダ」という曲は音楽番組で耳にタコができるほど観させられて、すっかりファンになってしまった」と書いた。この「音楽番組」とは『ミュージックトマトJAPAN』のことである。

ザ・ブルーハーツのマネージメント、ジャグラーでプロモーションを担当していた大作《おおさく》昌寿《まさとし》は、ＴＢＳのテレビ／ラジオ、それにニッポン放送や東京ＦＭといった局をまわっていたが、ザ・ブルーハーツがヒットするまではプロモーションした曲のオンエアどころか情報を紹介してもらうことさえなかなか難しいという毎日を過ごしていた。ところが、彼

※1　その時点ではまだ邦楽のPVはそんなに数はなかった　甲斐バンドが82年に「無法者の愛」「ダイナマイトが150屯」「観覧車'82」の3曲を連作で制作したのが先駆。彼らは、翌84年には『ベストヒットUSA』のスタッフと「ボーイッシュ・ガール」「GOLD」「シーズン」を制作している。他には、キャロルの映像で知られる佐藤輝による尾崎豊作品「十七歳の地図」「卒業」や、写真家・伊島薫が監督したショコラータ「黒い月のニーナ」などがあった。

※2　「リンダリンダ」　ザ・ブルーハーツのメジャー・デビュー曲。87年5月リリース。

※3　「天井裏から愛を込めて」　福岡を拠点に活動していた4人組バンド、アンジーのメジャー・デビュー曲。88年5月リリース。

らが売れると一転してゲスト出演のオファーを断る仕事に追われることになったと言う。

「TVKの『ミュートマJAPAN』で「リンダリンダ」がかかりまくってるという話は僕も聴いていて、でも他メディアの反応は良くなかったんですよ。だったらTVKだけにしようということになって、売れてきた時に、他からゲストのオファーがあったのを僕は全部断っていました。だから、TVKがブルーハーツを取り上げていた印象が強くあるのは、1つには他に出てなかったから、というのもあると思いますよ。当時、ある事務所の人から「どういう戦略なの？」と聞かれたんです。キー局は全部断ってTVKだけ出て、それで売れているのがカッコいいと思われたみたいで。「たまたまの結果論ですよ」と答えたのを憶えてます。ただ、戦略というようなものがあったとすれば、「乗ってくれてる人のところに一点張りしちゃえ！」ということですよね」

音楽業界にとっても欠かせないメディアへ

『ファイティング80's』をやっていた頃は住友をはじめとするTVKへのレコード会社からのアプローチはごくごく限られたものだったが、この時期にはもうメディアとしてのその存在感を各社とも無視できない状況になってきていた。だから、ただクリップのオンエアやゲスト出演を求めてプロモーションにやって来るというだけでなく、住友が先の発言の中で語っていたように、クリップ制作の時点からジョイントして共同でヒットを目指していくという形も生まれていった。

「この頃からレコード会社とも対等なコミュニケーションが生まれてきたという感じだったんじゃないかなあと思います。それに、キー局というのはプロモーションしに行っても何かを一緒にやろうという雰囲気はないし、そもそも相手にしてくれない感じだったみたいなんですよ。でもウチは、一緒にやりましょうという姿勢でやってきたから、そのなかで新しいやり方も生まれていったような気がしますね。〝ここと組めば面白いことができるんじゃないか〟というお互いの発見があったんだと思います」

ソニーミュージックで長く映像部門の仕事に携わってきた飯田貴晴は、初めてＴＶＫを訪れた日のことを鮮明に憶えている。86年6月のことだ。

「大学4年の6月から、アルバイトとして会社に行くことになるんだけど、最初の仕事がＴＶＫの番組の立ち会いだったんです。右も左もわからない1日目ですよ！会社に行ったら、上司の人が、お前、今日の夜、空いてるか？って聞くわけ。〝空いてます〟と答えたら、今から横浜に行ってこい、ＴＶＫだ！という話で。わかりました、と言うしかないよね(笑)。その日は月曜日で、ファントマの日ですよ。そこにECHOESとプリンセス・プリンセスが出るんだけど、立ち会いに行ける人間が誰もいないから、代わりに行ってくれということなんですよね。マネージャーは○○さんと△△さんだから、それぞれ挨拶をしろ、と。「でも一番大事なのは、TVKに行くと住友さんという偉い人がいるから、その人を見つけてCBS・ソニーの人間が来ているということをしっかりアピールしてこい」というわけです。名刺もまだなかったと思うんだけど、とにかく行って、住友さんに挨拶をして、番組立ち会いをやりました。だから、僕の仕事デビュー日はTVKだったんですよ」

この時点で、TVKの住友というプロデューサーは、レコード会社からすると挨拶することを絶対に忘れてはならない存在になっていたわけだ。同時に、そうした直接のコミュニケーション、つまり現場に足を運んで、そこで顔を合わせて話をするというやり取りを抜きにして仕事は進められない時代でもあったということだろう。

日本のロック・シーンでも音楽映像の影響力が急拡大

ところで、飯田はそうしたアシスタント的な業務のための要員として雇われたわけではなかった。

「身分はアルバイトだけど、MVを作るのが仕事なんですよ。例えば〝エコーズのMVを作れ。予算は○○円だ〟と。それが多分、行き始めてすぐの6月とか7月の話で、とにかく作りました、と。そしたら〝お前が作ったんだから、自分でプロモーションに行って来い〟と言われ、だからシブサン[※1]のテープを抱えて、TVKに行ったりしてました。でも、他の仕事が忙しくて、ホントに時々しか行けなかったんですよね。助かったのは、ウチもTVKも編集は越中島にあったクロー・スタジオを使ってたんです。だから、こっちが編集やってる隣でTVKの人がミュートマの編集をやってるみたいなことはしょっちゅうあって、〝いま編集やってて、○時には終わるので、△日にオンエアお願いします〟なんて話はしていたし、クローのテープ庫にはTVKの素材用のライブラリーがあったんですけど、そこに出来上がったクリップの完パケをコピーして、〝□番のテープに入れときました〟みたいなこともあったし（笑）」

学生バイトにいきなり予算を任せてMVを作ってしまうというのはかなり乱暴な話だが、それくらい急激に音楽映像に対するニーズが高まったということであり、そのニーズの高まりに作り手の調達が追いついていなかったということだ。

「当時は音楽映像の制作会社がそんなになかったんです。片手くらいかな。当時よくあったパターンとしては、テレビ番組で知り合ったディレクターに内職でやってもらうという形。でも、それだとたくさんは作れないから、各メーカーが若い連中を抱え込み始めたんですよね。メーカーからすると、自前でやるしかなかったんですよ」

さらに、EPICもCBS・ソニーもこの頃からビデオ・コンサートを展開し始める。

※1　シブサンのテープ
TVオンエア用の映像素材は、テープの幅が2インチから始まって、やがて1インチとなり、この時期には4分の3インチになっていた。ただ、1982年にソニーが発売したVTR一体型カメラ「ベータカム」での収録が急速に広がって主流となった結果、そのカメラに対応した2分の1インチ幅のテープがオンエア素材としても主流になっていった。

レコード店の会議室などにプロジェクターとスクリーン、あるいは大型テレビを持ち込み、月1回くらいのペースで開催した。タイトルは、EPICは『Bee』、CBS・ソニーは『Days』だ。

「ビデオ・コンサートのための映像も作ってました。具体的には、Aというバンドの特集をやるとなったら、そのMVのメイキングとインタビューとレコーディング風景みたいなものをつないだりした20分くらいの映像です。TVスポットも作ったりしていましたね」

当時のCBS・ソニーには、飯田と同じような立場の学生アルバイトが数名いて、各部署で飯田と同様の忙しい毎日を送っていたという。

一方、飯田の話にも出たEPICのビデオ・コンサート企画『Bee』が始まったのは1984年の8月。これまたまだアルバイトだった坂西伊作[※1]に、社長の丸山がどんどん映像を作らせ、それをアウトプットする番組がメディアにはないとわかったところで始まったのが、この『Bee』である。

「だから、あれはMTVの影響というよりは日本的な動きで、レコード店とレコード会社の連携プロモーションの1つの形に使われたんですよね」と、EPICでTHE MODSを担当していた藤澤が解説する。

「洋楽は、アメリカから映像が来るから、媒体を口説くのが仕事になるけど、邦楽のアーティストについてはゼロから作らないといけないという大きな問題があるわけです。それ

※1 坂西伊作
1957年、福岡生まれ。81年、EPIC・ソニーにアルバイトとして入社。日本初のビデオ・コンサートを催すなど、いち早く邦楽アーティストのプロモーションにオーディオ・ビジュアルを取り入れた。ディレクター／プロデューサーとして手がけた作品はミュージックビデオ、ライブビデオに止まらず、テレビ番組『eZ』や矢野顕子が主演した映画「SUPER FOLK SONG～ピアノが愛した女～」、岡村靖幸主演映画「Peach どんなことをしてほしいのぼくに」など数多い。09年没。

には、お金も必要だし、作る人材も必要。そこでＥＰＩＣは、丸山さんの判断があったから、どんどんやれたんです」

結果、坂西は佐野元春や渡辺美里、TM NETWORK、大江千里、ザ・ストリート・スライダーズといったアーティストの名作ＭＶを次々と生み出していくことになるわけだが、その陰にはこんなエピソードもあった、と藤澤が明かす。

「（坂西）伊作があまりにもお金を使っちゃうから、さすがに制作管理の人間を付けようという話になったんです。当時、伊作は全部フィルムで撮ってたんだけど、ある時そのフィルムの現像をやってもらってる現像所の人と制作管理の人間が話したら、〝坂西さんの分だけで、今この国でやってるフィルム現像の半分くらいになりますね〟と言われたって。その話を聞いて、呆れるでもなく怒るでもなく、みんなで面白がってたのが当時のＥＰＩＣという会社なんだけど（笑）、そうやって作った映像の力もあって TM NETWORK がブレイクし、大江千里くんがブレイクし、ということになったわけですよね」

そのＥＰＩＣは映像制作の予算は宣伝／販売推進費と考えていたそうだが、ＣＢＳ・ソニーはちょっと違っていたようだ。再び、飯田の話を聞こう。

「僕がいたのが第３ＡＶ事業部というところで、事業部の名前がＡＶだったというのが象徴的なんだけど、そのＡＶはもちろん AudioVisual ということですよ。だから、Ｖの商品も発売するということですよね。それまでは映像商品なんてなかったわけだけど、ＶＨＳやベータ、あるいはレーザーディスクというものが出てきたから、音楽から派生する映像も商品になるな、と。ビデオを再生する機器が一般の家庭に入っていったから、そのビデオを売るマーケットもできていったわけです。だったら、レコード会社が作る映像商品というのもアリかも、ということですよ」

約1年のアルバイト期間を経て、87年春に飯田はCBS・ソニーの社員となったが、その配属先の名前は「ビデオ制作室」。AUDIOとVISUALの両方を手がけるセクションから、VISUALの専従になったということだろうか。

「というよりは、市販商品をやれということだったんでしょうね。第3AVの時の仕事の中心はプロモーション関係の映像を作ることでした。でもビデオ制作室では、商品を出して売り上げをあげなさいということですよ。ただ、現実的にはその境目は滲む話であって、だって普段から付き合いがなかったら発売ものの企画も立てられないですから。だから、ビデオ制作室のなかでアーティストを割り振って、普段からコミュニケーションをとってMVを作ったりしながら、それがたまったらクリップ集として出しましょうというようなことをやってたんです」

そうしたなかから生まれた映像をオンエアする媒体のプライオリティは、もちろんTVKが一番だった。

「あの頃のTVKは、その後の音楽専門チャンネルの先駆けみたいなところもあった」と、コロムビアのプロモーターだった松本哲也は言う。

「だから、ＰＶができたらまずＴＶＫに持って行って、最初にいつかけてもらうかを相談するというのがパターンでした」

音楽映像が邦楽シーンの定番へ

ジャグラーの大作も、80年代後半になってレコード会社各社が映像を使ったプロモーションを展開するようになるなか、自社のアーティスト、つまりザ・ブルーハーツ、ECHOES、シャムロックといったバンドの映像を紹介するビデオ・コンサートを企画した。

「ブルーハーツが売れてきて、お金が入ってきたんで、音楽誌に広告を出したりしてたんですけど、〝そんなお金があるならビデオ・コンサートをやりませんか〟と、上司に提案したんです。各地のレコード店とは、ブルーハーツがメジャーで出す前にジャグラー・レコードから1枚出していたんで繋がりもできてて、いろんなレコード会社がやってるから、レコード店のほうにもノウハウはすでにあるわけです。だから、こちらで映像は用意して、音楽誌に広告を出せば、あとはレコード店がやってくれるんですよね。それで、4回くらいやったのかな。一応全国規模で、最初は10数店舗、最後は30店舗くらいの数になったと

※1　ジャグラー・レコードから1枚出していた87年2月25日リリースのシングル「人にやさしく」のこと。

思います」

その頃には、都内の主要メディアでプロモーションしていて、あるいはアーティストについて地方に行った時に、ＴＶＫの存在感を感じることが多くなっていた。

「例えばテレビにバンドが出ると言っても、キー局の場合は深夜枠の関東ローカルじゃないですか。対してＴＶＫの、例えば『ミュートマJAPAN』なんてU局[※1]のネットでほぼ全国と言っていい範囲で流れているわけですよね。その違いは、こちらからすると大きいですよ。というか、地方の人のほうがテレビの影響力は大きいように思うから、例えば『ミュートマJAPAN』という番組の印象は地方の人ほど強いんじゃないかと思いますよ」

ソニーミュージックの飯田も、ＴＶＫの番組の魅力として、新しく出てきたアーティストが認知を広げていく上で、特に地方にその存在をアピールしていく上でとても有効である点を挙げた。

「ＴＶＫの番組のおかげで、全国区になりやすかったかもしれないと思うんですよ。基本的に、売れる前のバンドはキー局の番組には出られないわけじゃないですか。でもＭＶを作って、ＴＶＫで放送してもらうことによって、隅々までとはいかないにしても、全国に顔と名前が知れていく。そこで、バンドはライブをやりまくるわけだけど、初めての土地に行っても知ってくれているファンがいるというのはすごく大きかったんじゃないかなと思います」

※1　U局のネット
在京キー局から連なる、スポンサーまで含めた番組供給のネットワークとは違って、番組販売の形でコンテンツをやり取りする緩やかな繋がり。番組によっては、キー局ネットの枠を越えて、地方局がそれぞれ独自の判断でそのつながりに加わるケースもあった。『ミュートマJAPAN』の場合は、１９９０年時点でサンテレビジョン、KBS京都、テレビ和歌山、北海道テレビ放送、福島テレビ、テレビ信州、新潟放送、日本海テレビジョン放送、ぎふチャン、三重テレビ、テレビ新広島、西日本放送、南海放送、RKB毎日放送、サガテレビ、長崎文化放送、熊本放送、鹿児島テレビ放送、それにTVKの全19局で放送されていた。

大切なのはムーヴメントを起こすこと

83年に立て続けにMVを扱う番組を3本スタートさせ、翌年にスタートした『ミュートマJAPAN』まで含めて、番組はどれも好評だったし、シーンの状況としても作り込んだ音楽映像が新しいヒットを生み出していく流れはいよいよ顕著になっていたが、住友自身はその流れにさらにのめり込んでいくのではなく、むしろ逆の方向とも言うべき可能性を模索していた。

「言ってしまえば、天邪鬼なんだろうね（笑）。PVを使う番組ももちろん僕らの制作番組というか、ミュージック・ステーションとして力をつけていく上でのとても重要なツールの一つという認識は確かにありました。でも、それはそれ、ということなんですよ。PVを使って番組を作れば、確かにすごく安く作れるけれども、それだけに終始したくはないという気持ちもあって、やっぱりイチから自分たちで作る番組もやっていきたいという気持ちがずっとあったんですよね」

そのベースには、音楽を伝える上での生放送という形態の力を住友が強く信じているということがあるわけだが、と言って彼はその形態を唯一無二の形と考えていたわけではない。彼にとって一番大事なことは、伝えたいことがしっかり伝わるということだ。そのための形が生放送であるなら生でやればいいし、MVのような出来上がった作品を使うことが有効ならそれを使えばいいと考える。

「音楽を伝えるには、生放送の威力はとてつもなく大きいし、大切だと思う。しかし、一方でPVというものが出てきて、音楽の伝え方にはいろいろな形があるのだとも思いました。実際、海外のPVを見た時に感じたのは、これは音楽の伝え方としては今までにない大きな武器になるだろうということで、だって海外のアーティストが新人だけでなく大物まで見ることができるわけだから。PVを積極的に使うことの費用対効果を考えれば、そのチャンスを逃す手はないし、それを利用して番組を作るのは僕らが最初からずっと意識してきた〝外に対して、どれだけ効率よくTVKをアピールできるか〟ということとの延長線上にあることだと思います。具体的に言えば、PVのコスト・パフォーマンスというか、費用対効果を考えた時にとんでもなく大きい効果が期待できるんだから、それを生かしていくための帯番組が『ミュージックトマト』であり、実際そこからヒットが生まれて、レコード会社のスポット出稿にも繋がっていったわけです。だから、繰り返しになるけれども、僕らとしては〝生かVTRか〟という話ではなくて、どれだけ効率良く外に対してTVKをアピールできるかということを一番に考えるんです。大事なのは、より良く伝わること、そしてムーブメントを起こすということ。番組をやることでうねり作っていけるということをずっと大事にしてきたと思います」

空気を伝えることを重ねた先に生まれたTVKらしさ

「大事なのは、より良く伝わること」という言葉を聞いてあらためて意識させられるのは、住友が雑誌やラジオなど他のメディアの伝え方をしばしば援用して、独自のやり方を作り出してきたということだ。彼の世代のテレビマンは、良くも悪くもテレビ中心主義で、他のメディアがどういう素材をどういうふうに料理しているかなんてことは気にしていなかったという話をいろいろな場面で聞くにつけ、住友の個性というものを感じてしまうが、実際のところ住友は他のメディアのことをどれくらい意識していたのだろうか。

「他のメディアを意識すると言うよりは……、他のメディアからも気にされたいとは思ってましたね（笑）。同じテレビでも、キー局がやっていることが参考になったということはあまりなくて、基本的に〝予算のないTVKはどうやるか？〟ということをずっと模索してきたから、例えばテレビよりも予算が小さいラジオはどうやっているか？という感じで意識していたという面はあったと思います。お金をかけなくても伝わる伝え方というのは、いろんなものを見たり聞いたりしないと生まれてこないものだし、テレビマンがテレビのことだけを考えていても新しいテレビは生まれないとも思っていたからね」

そんなふうに考えていた住友が、例えば、「POPEYE」という雑誌をテレビ化できないか？という命題に挑んだ時にどんなことを意識していたのかと問うと、住友はこう答えた。

「多分、その雑誌の匂いをどういうふうにテレビの形で匂わせるかという、そういう作業だったと思います」

住友に番組作りのポイントを聞くと、『ヤング・インパルス』では現場の空気と言い、『SONY MUSIC TV』ではおしゃれな雰囲気と言い、『ファンキー・トマト』は雑誌の匂いと言う。住友がＴＶＫで番組作りを始めた時、先輩局からやって来た人たちがしたり顔で語った「テレビっちゅうもんは……」という番組作りの公式のようなものは聞き流し、ではどうしたかと言えば、空気や匂いを中心に考えて彼は番組作りをしてきた。とすると、仮に住友が「テレビっちゅうもんは……」というような教科書を作ろうとしても、おそらく彼にはそういうものは作れないだろうし、まして第三者が住友流の番組作りを教科書化することは不可能だろう。それは、住友が教科書を見て番組を作るということをしてこなかったことの結果だろうかと聞くと、住友は笑ってそれを否定した。

「僕らには、〝教科書〟がなかったんですよ。そうやって作ってきたからこそ、周りからＴＶＫらしいよねと言われるようになりました。その感じは、自分ではよくわからないんだけど」

〝らしさ〟というのも、匂いや雰囲気と同じ種類のものだ。

「だから、僕がいつも言っているのは空気ということです。空気をどういうふうに伝えるかということ。『ヤング・インパルス』をなぜ生でやったかと言えば、そうすることであの番組の空気が生まれるからなんですよ。目の前に客がいて、それを生で伝えるという形だからこそ生まれる空気。そういうものを大切にしたいなということはずっと意識していたと思います。敢えて言えば、そういう意識が積み重なることがＴＶＫらしさというものにつながっていったんだと思います」

ＭＴＶのスタジオで得たひとつの確信

ところで、住友はＭＶ番組を３本スタートさせた年の翌年、つまり84年にアメリカを旅行して、その途中でＭＴＶのスタジオを見学している。それも、事前にしっかり計画し準備もして訪れたというような話ではなく、アメリカ旅行の途中にふと思い立って実行したというのだ。

「ニューヨークに遊びに行く話があって、ちょうどその頃にはもうＭＴＶは世界的な注目を集めていたから、覗けるものなら覗いてみようということで、当日に連絡をとって出かけたんです。それでも入れてくれたんですよ（笑）。オープンだよね。その当時に実際使っているスタジオを見せてもらいました。びっくりしましたよ。こういうところで作ってるんだ!? と。TVKのスタジオよりも少し広いくらいのスペースに、周囲ぐるりと10セットくらい組んであるんですよ。だから、真ん中にカメラを置いて、パンするだけで10通りの背景で撮れるっていう」

もっとも、そこで見聞きしたことを具体的に自分たちの番組作りに反映させたことはなかったという。

「すごく合理的に作っているということがわかって、それは大いに参考になりました。国も風土も違うから、いろいろ違うところはあるんだけど、それにしても、こういう作り方もアリということなんだな、と。たくさんお金をかけて作るやり方もあるけれども、そうじゃない作り方もある、と僕らは思っていたわけだけど、それをアメリカの人気局もやっているんだということを目の当たりにしたということですね」

空気を伝えようとし、匂いをテレビ化しようとした住友にしてみれば、アメリカの人気局の現場が象徴している根本の精神を感じ取ることができたこと、それで十分だったのだろう。

MTVがアメリカでブームを引き起こしたのと同じように、日本でも音楽映像の力を生かしてロック／ポップスの新しいサウンドがお茶の間に浸透していき、また有力なニューカマーの存在が地方にまで知られるようになり、ビッグ・ヒット・アーティストが生まれるのは時間の問題、という状況になっていった。

そのなかで、ＴＶＫはライブというキーワードを共有し合えるアーティストと、またさまざまな立場のスタッフとともに、シーンに新しい潮流を生み出していくことになる。

ＴＶＫに纏わる思い出についての書面によるインタビュー

My Sweet TVK on my mind

Reichi "Chabo" Nakaido
Shigeru Nakano
Tsuyoshi Ujiki
Tatsuya Moriyama
Takehiko "Shake" Kogure
Tatuya Ishii
PUFFY
Yumi Yoshimura & Ami Onuki
Tetsuya Murakami
Hotaka Yamashita
Kaera Kimura

書面インタビューの表記については各ミュージシャンから頂いた原稿に則しています。

01 仲井戸"CHABO"麗市
Reichi "Chabo" Nakaido

――出演されたＴＶＫの番組やイベントの思い出、印象に残るエピソードがあれば聞かせてください。

仲井戸　『ヤング・インパルス』、『ファイティング80's』共々、いかんせん遥かな時間を経てる故、記憶はもう曖昧。でも『ヤング・インパルス』収録の時はとにかく横浜に行くという楽しみがあった気がする。『ファイティング80's』は蒲田の専門学校での収録だったかな……。一度横浜の港、船上での収録があったような……。

——他のテレビ局と比べて、番組の内容や制作体制、スタッフに関して、TVKは何か違うところがありますか。違いを感じるところがあれば、お聞かせください。

仲井戸　当時（まぁ今もだが）、テレビは大の苦手であった。芸能界ってなにおいがして（当時だ）。でもTVKはそんなムードが無かった気がする。今思えばそんなタッチもTVKが目指した独自な路線の香りだったのかも……。

——住友利行という人物について、思い出や印象に残るエピソードがあれば、聞かせてください。

仲井戸　そんな質感のTV局、番組のチーフ（?）であられる住友さんには、いつもよくしていただいた。会話はきっと少なかったはずだが……いつでも住友さんは「いいかんじ」でそこに居てくださった……。

——視聴者としてTVKの番組をご覧になって、何か印象に残る番組や思い出があれば聞かせてください。

仲井戸　やっぱり、とにかく「横浜という香り」がTVKの一番の魅力……かな……。で、この場をお借りして、ちゃんと感謝をお伝えする機会がなかったので——、住友さん、そして『ファイティング80's』でお世話になった宇崎さん……ありがとうございました……感謝を……!

02
仲野茂（亜無亜危異）
Shigeru Nakano

――出演されたＴＶＫの番組やイベントの思い出、印象に残るエピソードがあれば聞かせてください。

仲野　宇崎竜童『ファイティング80's』。憧れの宇崎竜童を目の前にして緊張し過ぎて、アナーキーのメンバーが無口になり、ふてぶてしく見えた！　俺ん家にはじめてきたＴＶ局がＴＶＫの『ファイティング80's』だった、俺ん家の親もはじめてのＴＶでよそよそしく、緊張してた。

――他のテレビ局と比べて、番組の内容や制作体制、スタッフに関して、ＴＶＫは何か違うところがありますか。違いを感じるところがあれば、お聞かせください。

仲野　テレビにはあまり出た事がないので、わからない。

――住友利行という人物について、思い出や印象に残るエピソードがあれば、聞かせてください。

仲野　いやはや、40年前なんで、さすがにスタッフまでの記憶がない。

――視聴者としてＴＶＫの番組をご覧になって、何か印象に残る番組や思い出があれば聞かせてください。

仲野　残念ながら、俺たちは埼玉なんで、ＴＶＫが映らなかった！

03 うじきつよし

Tsuyoshi Ujiki

——出演されたＴＶＫの番組やイベントの思い出、印象に残るエピソードがあれば聞かせてください。

うじき　『子供ばんど』デビュー直後に『ファイティング80's』に出演させてもらい（80年12月）その後なんとレギュラーに抜擢！　関西エリアはゴールデンタイムに放送されていたので、番組出演を重ねるたび大阪や京都、神戸で認識度、ライブ動員がぐんぐんアップ！　むしろ、地元関東より熱狂的に迎えてもらい、関西方面のツアーがどんどん充実していったのでした。番組内で『宇崎・うじきのファイティング道場』というコーナーも始まり（それ以前のレギュラー、佐野元春サン、THE MODS の時はなぜかなかった）、中華街に手打ち麺の修行に行ったり、時に「果たして、トイレットペーパーの長さは表示通りなのか？」というシュールな？　測定に取り組んだり（ＴＶＫ社屋上でロケしたのだが強風で難航。大概そういう時は、宇崎サンが途中で飽きて撮影終了）脈絡なくいろんなお題にチャレンジしたのだが、今思えばアレが自分にとってのバラエティの原点。宇崎サンもあの手は、ほぼ初めてだったんじゃないかなぁ。住友サンを始めスタッフは、音楽以外の二人の才能（？）を見抜いていたのかも⁉

——他のテレビ局と比べて、番組の内容や制作体制、スタッフに関して、TVKは何か違うところがありますか。違いを感じるところがあれば、お聞かせください。

うじき　東京のキー局にはない〝港町ヨコハマ〟がベースのオープンな気風、洋楽も邦楽も分け隔てなく取り上げて、さらに当時のコアなフォーク、ロックにも理解のあるスタッフだらけ。衣装やメイクのスタッフも含めみんな仲が良くて、音楽好きのファミリー感がとても居心地が良かった。

――住友利行という人物について、思い出や印象に残るエピソードがあれば、聞かせてください。

うじき　初対面から堅苦しいところが一切なく、当時、まだ駆け出しで生意気な自分たちにもフラットに接してくれた。『ファイティング80's』の公録ライブも必ず観てくれて、毎回言葉は少ないのだけれど、感想、アドバイスを聞かせてくれた。そして間違いなく皆さんおっしゃってると思いますが、お酒が入った時のハチャメチャな楽しさ！　そしてご本人はサッパリ記憶を失うという（笑）

――視聴者としてTVKの番組をご覧になって、何か印象に残る番組や思い出があれば聞かせてください。

うじき　『ヤング・インパルス』を世田谷の家で、ときどき砂嵐になってしまう画面にかじりついて観ていた。まだフォークの3人編成だった『RCサクセション』！　そしてなぜかジョニー大倉サンがいなかった、貴重なトリオの『キャロル』も観た！　『ファントマ』も欠かさず観ていて、まだブレイク前、なんと1人でやって来たヒューイ・ルイスは、ハープ片手にカラオケで歌っていた！　あと、MC三本和彦サンのオベンチャラを言わない、辛口の評価が面白い『新車情報』もよく観ていた（笑）

04 森山達也（THE MODS）

Tatsuya Moriyama

――出演されたＴＶＫの番組やイベントの思い出、印象に残るエピソードがあれば聞かせてください。

森山　『ファイティング80's』。この番組にザ・モッズはデビュー前だというのに、レギュラーに抜擢してもらえ、最初の頃の撮影では、博多〜東京を行き来してたのを思い出します。その番組で宇崎竜童さんとの楽屋話はタメになる事や、笑える話を聞くのが楽しかったね。あれで、スンナリと番組に溶け込んでいけたかなと思います。それと、いろんなゲストアーティスト達を生で見れたのも良かったと思う。なんにせよ、デビュー前に色んな経験をさせてくれた、住友さん、ＴＶＫに感謝だね。

――他のテレビ局と比べて、番組の内容や制作体制、スタッフに関して、ＴＶＫは何か違うところがありますか。違いを感じるところがあれば、お聞かせください。

森山　やっぱりＴＶＫは当時から音楽を大切に、特にロックを大切にしてくれてた印象があります。これはイイ意味で、スタッフもユルイ感じで、妙なプレッシャーをかけてくる様な事も無く、個人的には楽しい現場になっていった気がします。あの頃の東京大手のテレビ局は、お前ら、出してやってるんだよ感が強かったが、ＴＶＫは全く無かった、逆にアーティストありきな所があったと思う。そこが、当時クセが強いアーティストからも気に入られたんじゃないかな。

——住友利行という人物について、思い出や印象に残るエピソードがあれば、聞かせてください。

森山　住友さんはホントに良くしてもらった印象しかないね。まずデビュー前の俺たちをレギュラーにする事がギャンブラーだよね。ライヴにもよく来てもらい、いつも何か面白い事したいねって事を、お互いよく話してた。たまに、お酒を一緒に飲んだ時は細い目が、もっと細くなりモッズの在り方を話してくれたり、熱いハートに触れた事もある。ホントに住友さんの協力が無かったら、今のザ・モッズはなかったと思います。デビューして最初のツアーに出て、地方で『ファイティング80's』が見れる街のライヴの盛り上がりは凄かった。特にまさかの高知や秋田の熱には驚いた記憶がある。ほんと、デビューから俺たちを使ってくれた住友さんに感謝します。

——視聴者としてTVKの番組をご覧になって、何か印象に残る番組や思い出があれば聞かせてください。

森山　やっぱり、もうザ・モッズには『ファイティング80's』が一番ですね。でも、あの頃は何を見ようとかじゃなく、ただテレビをつけてる時は、決まってTVKだった。ミュートマとかもあったし、音楽がよく流れてたよね。また、時代無視のロック番組を期待したいですね。そんな事になればまたレギュラーで使ってもらいましょうかね。

05 木暮"shake"武彦

Takehiko "Shake" Kogure

――出演されたＴＶＫの番組やイベントの思い出、印象に残るエピソードがあれば聞かせてください。

木暮　レッド・ウォーリアーズの時には『ライブトマト』によく出演させていただき、毎回好き放題という感じで自由にやらせていただきました。

――他のテレビ局と比べて、番組の内容や制作体制、スタッフに関して、ＴＶＫは何か違うところがありますか。違いを感じるところがあれば、お聞かせください。

木暮　自由な空気がありました。

――住友利行という人物について、思い出や印象に残るエピソードがあれば、聞かせてください。

木暮　すみません、無知な子供だったので誰がどなただか……。

――視聴者としてＴＶＫの番組をご覧になって、何か印象に残る番組や思い出があれば聞かせてください。

木暮　すみません、住居が山梨なので、見れません。

06 石井竜也
Tatuya Ishii

――住友利行という人物について、思い出や印象に残るエピソードがあれば、聞かせてください。

石井　「こうしろ」という意味の言葉を住友さんの口から聞いたことがないんですよ。「お前達は、何がしたいんだ?」と。そっちを優先してくれた人ですよね。それに、例えば俺がテレビで言っちゃいけないようなことを言っちゃった時でも責任を1人で全部被っちゃうような人ですよ。親分肌というか、そういう感覚を持ち合わせている人です。「新人なんだから、たいそうなことはできないよな。それが当たり前だよ。失敗していいんだよ」っていう。だから、まずダイナミックに物事を考えるということですよね。繊細なことを考えるのはいつでもできるんだから。まず風呂敷をバーンと広げてくれないと、どれくらいの風呂敷なのかわからないでしょ。逆に言えば、それがわかってれば、周りもいろんなことをサポートできるわけだからっていう。そういう基本的な考え方を、若い俺たちに教えてくれていたような気がします。

――他のテレビ局と比べて、番組の内容や制作体制、スタッフに関して、ＴＶＫは何か違うところがありますか。違いを感じるところがあれば、お聞かせください。

石井　ＴＶＫをテレビ局だと思ったことがないん

ですよ。俺たちもまだ若かったですから、ライブハウスでやっているのと同じことをテレビでやっちゃう、みたいな感じで。そういう野蛮さみたいなところも、テレビを知り尽くしちゃってる人から見ると、面白かったのかもしれないですね。〝ひな祭りの人形みたいに並んでるのがいいんだ、みたいな常識が広がってるテレビの世界をこういうヤツらがぶち壊してくれたらいいな〟というような思いが、住友さんには少なからずあったかもしれないという気はしますね。

――出演されたTVKの番組やイベントの思い出、印象に残るエピソードがあれば聞かせてください。

石井　〝yorimashi〟というロゴは、食虫植物からヒントを得て描いたんです。植物というのは、基本的には動物に食べられたり、あるいは人間に摘まれたり、言ってみればはかないイメージだと思うんですけど、食虫植物は動物を食っちゃうんだっていう。そこにすごく衝撃を受けて、米米CLUBも食虫植物のようであって欲しいなと思ったんですよ。だから、米米の正体みたいなものをマークに使ってもらえると嬉しいなと思って、それで食虫植物をモチーフに描いた記憶があります。

07 PUFFY 吉村由美&大貫亜美

PUFFY Yumi Yoshimura & Ami Onuki

――出演されたＴＶＫの番組やイベントの思い出、印象に残るエピソードがあれば聞かせてください。

大貫　「saku saku MORNING CALL」と言えば毎週月曜日、午前5時前にはＴＶＫに入り番組出演した後、１週間分の収録をするという過酷なスケジュールが常でしたが、我々以降のＭＣはそんなことしていないと知りショックでした。

――他のテレビ局と比べて、番組の内容や制作体制、スタッフに関して、ＴＶＫは何か違うところがありますか。違いを感じるところがあれば、お聞かせください。

吉村　違いというより、デビューして間もなく何もわかっていないPUFFYをしかも朝の生放送に……。そんな恐ろしいことをやろうと言った、やろうと思ったＴＶＫのスタッフの皆様が今考えると恐ろしい。でも、アットホームで楽しい皆様とのお仕事だったので、大変だった早朝の生放送もできたと思います。

――住友利行という人物について、思い出や印象に残るエピソードがあれば、聞かせてください。

大貫　朝早くから働く小娘たちにいつも優しく労わってくださり、亜美由美からの印象は「美味しいものを食べさせてくれるおに……おじ……おにい……おじさん♡」です。

――視聴者としてTVKの番組をご覧になって、何か印象に残る番組や思い出があれば聞かせてください。

大貫　横浜っ子の亜美は、そごうのサテライトスタジオで伊藤政則さんがゲストを迎えている番組に大好きなHanoi Rocksのマイケル・モンローが出ていたのを家で見てそごうに行こうとした思い出があります。

吉村　デビュー前の亜美ちゃんを「ミュージッククリーク」で見るのをいつも楽しみにしていました。

08 村上てつや（ゴスペラーズ）

Tetsuya Murakami

――出演されたTVKの番組やイベントの思い出、印象に残るエピソードがあれば聞かせてください。

村上　デビューまもない頃何度か出させていただいた年越し番組で「お正月番組なのでちょっとならお酒飲んでもいいですよ」と言われたのをいい事に完全に酔っ払ってしまった情けない経験があります。被り物とかして大騒ぎしてしまいました。若気の至りといえば聞こえはいいですが、よく出禁にならなかったなと今思い出すだけでも恥ずかしくなります。TVKの皆様の寛大さに深く感謝しております。

――他のテレビ局と比べて、番組の内容や制作体制、スタッフに関して、ＴＶＫは何か違うところがありますか。違いを感じるところがあれば、お聞かせください。

村上　ＣＭも含め地元密着感満載な編成が基本でありながら、ちょいちょい関西ローカルの番組が入ってくる感じがまた独特の空気感で好きでした。

――視聴者としてＴＶＫの番組をご覧になって、何か印象に残る番組や思い出があれば聞かせてください。

村上　やはり『ミュージックトマト』に『ミュージックトマトJAPAN』、『ファンキー・トマト』といった音楽番組は大好きでした。我々が中高生の頃にこういうミュージックビデオがたくさん観られる番組は本当に貴重でした。

09 山下穂尊

Hotaka Yamashita

（アーティスト・クリエイター）

――出演されたＴＶＫの番組やイベントの思い出、印象に残るエピソードがあれば聞かせてください。

山下　デビューからSAKU SAKUに当時最多出演記録を更新出来たことは懐かしい思い出です。

あと個人的にソロで番組をやらせて頂いて、毎回のロケでいろんな体験をさせてもらったのは本当に勉強になりました。

――他のテレビ局と比べて、番組の内容や制作体制、スタッフに関して、TVKは何か違うところがありますか。違いを感じるところがあれば、お聞かせください。

山下 本当に独自路線を突き進まれてると思います。特に音楽のアンテナは昔から鋭くて勉強させられました。スタッフさんも、自分の好きなこと、楽しいことを進んでやってるイメージです。あとみなさん神奈川のこと好きなんだなぁ、と同じ神奈川県民としてはより親しみがあります。

――視聴者としてTVKの番組をご覧になって、何か印象に残る番組や思い出があれば聞かせてください。

山下 高校時代にまだ世に出ていなかったゆずさんを発掘して路上ライブをしたり、TVKで流れてきた「夏色」に衝撃を受けたことをよく覚えています。あれをきっかけに路上を始めたりしたので、ある意味TVKさんがなかったら路上もやっていなかったかもしれません。

10 木村カエラ

Kaera Kimura

2003年3月から06年3月まで『saku saku』のパーソナリティーを務めた木村カエラさんからは、番組のスタッフに宛てた私信のような、こんな回答が寄せられました。

＊＊＊

わたしのＴＶＫの思い出はとにかく『saku saku』ですね。

初めての収録は、あまりにも緊張して知恵熱を出し、38度の発熱の中、1週間分の収録をした思い出があります。だけど、番組スタッフのみんなと毎週会って仕事をしていくなかで、わたしはだんだんと家族のような温かさと安心感に包まれるようになっていきました。

世代を超えて、なんでも言い合える。そんな仲間たちでした。

若くて尖っていたわたしを、とことん面白がり、いじり倒して、「そのままでいいよ」と受け入れてくれた、大好きな場所でした。

プロデューサーの武内（和之）さんを突然渋谷に呼び出して、相談したこともありました。

歌手になろうと思ってもなかなかなれず、時間ばかりが過ぎていくなかで、とにかく気持ちが焦ってたんですよね。今思えば「自分で横浜まで行けよ」って話ですけど……。

「どうしても歌手になりたいんだ」と伝えると、彼はすぐに力になってくれました。

収録をしている合間合間に、曲や歌詞の確認、デビューする場合の名前まで、いろいろ相談に乗ってくれました。わたしの意見をどこまでも尊重して、個性を伸ばしてくれるんです。こんなこと、普通はしてくれませんよ。

今のわたしは、TVKの『saku saku』スタッフ、そしてプロデューサーの武内さんが作り出してくれたと思っています。

MCの黒幕さんは、番組内でわたしが全く喋らないことがあっても、それを面白がってくれたり、口の悪いわたしを〝女番毒蝮三太夫〟と名づけたり。わたしもはちゃめちゃだったし、黒幕さんもはちゃめちゃでした。

放送出来るのかな……って思うようなことばかりやってましたね。

パンクだなぁーって、今も思います。

かっこいいですよね、そんな番組つくれるなんて。

毎週、東横線で通っていたんですが、その途中すっごい話かけられたんですよ。

みんな観てるから。日本人だけじゃなくて、海外の方からも。

「この間のあれ、楽しかったです」とか、「あの歌、いい歌ですね」とか。

電車に乗ってて一度、近くに座っていた人たちがみんなたまたま『saku saku』を観てて、盛り上がった記憶があります。「僕の住んでるところの歌を歌って欲しい」とリクエストしてきたり……。ほんと『saku saku』が身近な存在なんだなと感じて、嬉しくなりました。

番組を卒業するときは、本当に寂しくて寂しくて、号泣してしまいました。黒幕さんが作った曲とメロディーに歌詞を自分で作らせてもらって、みんなに向けて歌いました。泣きながら歌ったんだよな。

『saku saku』を卒業して10年以上経ってるんですけど、今だに『saku saku』観てました！　って言われますよ。横浜なんです！　って。

伝説ですよ、『saku saku』は。

第4章
LIVE GOES ON

『ライブトマト』始動

1985年には、HOUND DOG「ff（フォルテシモ）」やレベッカ「フレンズ」といった大ヒットが生まれ、いよいよロックがメジャーになり、ビジネスとしても有力なものになっていく。その年の夏には、NHKで『インディーズの逆襲』という特別番組が放送され、当時「インディーズ御三家」と言われたラフィン・ノーズ、ウィラード、有頂天の3バンドをはじめとするインディーズ・シーンの活況を伝えた。それはメジャーのレコード会社からリリースされている日本のロックがもはやアンダーグランドなもの、あるいはカウンターカルチャーに属するものではないことを逆説的に表してもいた。が、住友はそうしたロックを取り巻く状況の進展とは関係のないところにいて、自分たちがやるべきことをはっきりと見据えていた。

「『ファイティング80's』というのは日本にロックのシーンを作っていくんだという気持ちでやっていたわけですよね。その後、確かにいろんなアーティストがどんどん大きくなっていって、世間的にも認知されるようになっていたけど、キー局では音楽番組とは言っても、相変わらず見せるのはそれぞれ1曲だけというフォーマットでした。だから、『ライブトマト』を始めるにあたって僕らが考えたのは、『ファイティング80's』の形を踏襲して、コンサートそのものとは言えないにしてもミニコンサートと言えるようなものをしっかり見せていこう、アーティストのステージ・パフォーマンスを伝えていこう、と。TVKの使命というか、やるべきことはそこにはっきり見えていたから、それをやるんだということです。『ライブトマト』も、『ファイティング80's』と同様、客を入れた公開ライブという形で客の盛り上がりまで含めて見せていくということをやっていく考えでした」

『ライブトマト』は86年11月にスタートした。収録会場は、横浜東口そごう9階の新都市センターホール。1回の収録に3バンドが登場し、その模様を2週に分けて放送した。収録体制は、『ファイティング80's』よりもタイトな3カメ+1ENG。バンドのメンバーが多い場合は1ENGが加えられることもあったというが、それはあくまで例外的なケースだった。

メイン・スポンサーは東芝。当時の日本を代表する大企業である。音楽関連分野においても、ジャズ愛好家のようなマニアックな音楽ファン、オーディオ・ファンに向けてピュアオーディオと言われる高品質のオーディオ製品を「Aurex」というブランド名で販売し、その名を冠したジャズ・フェスティバルを主催するなど、そのブランドの個性は一定の評価を得ていた。ところが、79年に〝おしゃれなテレコ〟というコピーでベストセラーとなった三洋電機の小型ラジカセ「U4」、そしてソニーの「ウォークマン」が発売されたあたりからオーディオ商品のカジュアル化が始まり、さらには84年にソニーが5万円を切るポータブルCDプレーヤーを発売したことで、その状況はいよいよ顕著となってきた。東芝も85年頃からターゲットを学生／若者中心に切り替え、価格も手頃なミニコンポやゼネラルオーディオを「Aurex」ブランドの主力に据えるようになっていたが、『ライブトマト』がピックアップしようとしていたアーティストたち、そしてその向こうにいる若きロック・ファンたちはまさにその東芝の新しい指向に沿うものだったのだろう。住友にしてみれば、先にも書いた通り、自らの使命と思い定めていたことを実行したまでだったが、同時にその番組の方向性が大企業の利害と重なったことに驚き、またある種の感慨を抱かずにはいられなかった。スポンサーがつかずに『ファイティング80's』を終了してから、まだ3年しか経っていなかったからだ。

「そりゃあ、びっくりするよね（笑）。でも、そういう大きなスポンサーだからと言って、例えば、お客さんは最低これくらい集めてほしい、とか、そういうことを直接言われることはなかったです。なかったですが、それでもちゃんとしたものは見せていかないとね。アーティストも大切だけど、スポンサーも大切。両方ともを大切にして、ちゃんとやらないといけないという意識はありました」

『ファイティング80's』の時には、客が集まらないことがあっても「それも現実だからいいじゃないか」というスタンスだった住友も、今回はそういうわけにはいかないと思っていたわけだ。『ファイティング80's』の第1回出演バンドがRCサクセションだったのに対して『ライブトマト』の第１回はHOUND DOG。そのブッキングの背景を聞くと、住友の意識の変化がうかがえる。

「ＲＣサクセションにした時の気持ちは内容優先というか、ＲＣならとにかくステージは間違いないから、ということだったと思うんです。だけど、『ライブトマト』の第１回にHOUND DOGをブッキングにしたのは、スポンサーに対して「これですよ！」という意識はあったと思う。というか、そういうビッグなアーティストが出る番組ですよということを見せないといかんなという意識はあったでしょうね。ただ、そうなるとブッキングはいよいよ簡単ではないですよ。視聴者にもスポンサーにもちゃんとしたものを見せられて、しかもアーティスト自身も納得できるというものにするために、やっぱり苦労した覚えがあります」

そうした前向きな苦労の一方で、一般のスポンサーがついている番組の限界というものを教えられる事件も住友は経験した。ＲＣサクセションが出演した際、彼らが歌った「ラブ・ミー・テンダー」を放送ではスポンサーの意向でカットせざるを得なかったのだ。後に、「ライブ帝国ＤＶＤ」[※1]に収録してその演奏は日の目を見たが、住友にとっては苦い記憶が残ることになった。

※１　「ライブ帝国ＤＶＤ」　ＴＶＫが収録したライブ映像のアーカイブをパッケージ商品化してリリースしたシリーズ。Ｐ３０７〜３１２に詳述。

86年11月6日放送分『ライブトマト』第1回より。ステージに立ち「フォルテッシモ」を熱唱するHOUND DOGの大友康平(上)と拳を上げて盛り上がる観客(下)

新都市センターホールからクラブチッタ川崎へ

新都市センターホールが入っていた横浜そごうは、85年9月の開業当時、東洋一の売り場面積ということで全国ニュースにも取り上げられるほど話題を呼んだ。好立地で話題性も十分。スポンサーにもアピールするだろうという判断で『ライブトマト』はこの場所を選んだが、始めてみると思わぬ落とし穴に行き当たった。

「いろいろ物色しているなかで、場所もいいし、東芝がスポンサーについていたということでそれなりの数の客も入れないといけないし、多目的ホールということで使い勝手もいいんじゃないかと思って決めたんです。ただ、やってみると多目的ホールというのは大変だなということになったんですよね（笑）」

多目的ホール、すなわちどんな用途にも使えるということは、言い換えれば何も無い真っ平なスペースということだ。だから住友たちスタッフは、朝会場に行くとまずステージを造るところから1日が始まることになる。次に照明を仕込み、そしてパイプ椅子を900並べる。つまり、毎回イチから全部やっていかないといけないのだ。

「楽だとはもちろん思っていなかったけど、やってやれないことではないなと思っていたんです。でもやってみると、いちいち大変だった（笑）。スタッフはみんな〝それでも番組を作るんだ！〟という強い思いでやっていたわけだけど、翌日は筋肉痛で本当に大変でした」

もっとも、その大変さは通常のテレビ局の人間は味わわなくて済む種類のものだろうし、パイプ椅子を並べるという作業について言えば、仮に10年後の96年だったら最初からスタンディングの形にしていただろう。だから、それもこれも新しい流れにいち早く取り組む独立局ならではの話と言っていい。しかも、収録を重ねていくなかで、番組のスタッフや警備のアルバイトはもちろん、営業のスタッフも代理店のスタッフも総出で客席の最前列に立ってロープを持っていないといけないという状況になっていった。

「もちろん、その当時から座って見る人はいないんだけど、とりあえず、あなたの席はここですよという形を作るということで、椅子を並べるわけです。それにテレビに映るから、客席で何か騒ぎが起こるようなことはないだろうと思っていたんです。実際、1回目のHOUND DOGの時は、みんな立つけれども、その場で拳を振り上げて、ある種整然とした壮観でした。すごくいい感じで始まって、その後もいい感じが続いたんだけど、(ザ・ストリート・)[※1]スライダーズが出た時にお客さんがみんなちょっと調子に乗り過ぎて……(笑)。ギターが鳴った瞬間にドーッとステージ前に押し寄せたんですよ」

そこで、やむを得ず収録を中断。住友が自らマイクを持ってステージに上がり、「このままの状況だと演奏は続けられません。みんなの協力がないとできないから、そのことを理解して見てください」と話して観客を落ち着かせ、なんとか収録を再開したが、パイプ椅

※1 ザ・ストリート・スライダーズ
1983年3月、アルバム『Slider Joint』とシングル「BLOW THE NIGHT／のら犬にさえなれない」でメジャー・デビュー。15枚のオリジナル・アルバムと23枚のシングルを発表し、2000年10月の日本武道館公演を最後に解散。

子が50脚ほどダメになった。

「その時はそれで済んだというか、始末書を書いて、ホール側からは〝二度とこういうことのないように〟と強く注意されはしましたけど、言ってみればそれで済んだんです。ただ、僕自身は、この状況を続けるのは辛いものがあるなあということをひしひしと感じました。あらゆる設備が仮設だったから、その脆弱さを続けていくなかで思い知らされたということですね。警備状況も含め、もっと設備を整えられる場所に行けばブッキングの幅も広げられるだろうという考えもあったし。それで、新都市センターホールでは2年ほどやって、88年10月にオープンしたクラブチッタ川崎に移ったんです」

「場所を移してブッキングの幅を広げる」ということも住友の頭の中をよぎったということは、逆に言えば、新都市センターホールではブッキングの際にトンがったアーティストは避ける意識がはたらいていたということである。

「クラブチッタに変わって、例えばXとか、ちょっと過激なバンドもブッキングするようになりました。あそこなら大丈夫だろう、ということで。Xの時は、大丈夫じゃなかったんだけど(笑)。お客さんが何人も酸欠状態になって、救急車が来て大変でした。そういうことがあったにしても、相変わらず東芝がスポンサーについてくれていたんですよね」

しかし、会場問題にはその後も悩まされることになった。間もなくクラブチッタ川崎の振動問題が勃発したのだ。川崎駅前のクラブチッタがあった一帯は地盤が粘土質であるため、ロックのビートに合わせて観客が飛び跳ねると、その振動が地面を伝って半径100メートルの付近に影響が出るようになった。近くの雀荘ではマージャン中にパイが倒れてしまったりして、営業妨害だという苦情が寄せられた。住友たちスタッフが、クラブチッタ川崎から100メートル離れた寿司屋で振動を体験させられたこともあった。確かに、トークの間は静かだが演奏が始まると振動が伝わってきた。クラブチッタ川崎としても対処せざるを得なくなり、2000年の地域再開発のタイミングで一時閉館して地盤の改良工事を行うことになった。その結果、住友たちは収録場所を求めて転々とさすらうことになったのである。

学びながら、創り上げた現場

『ライブトマト』で、制作進行の立場にあって現場を切り盛りしていた正《せい》宏《ひろし》は、東京・新宿の出身。TBSのラジオ制作からキャリアをスタートして、その後テレビに転じ、その職場の先輩で先にTVKでディレクターの仕事をやっていた山本浩市から「新しいライブ番組をやるから来ないか」と誘われて、『ライブトマト』に参加することになった。

「TBSではフロア・ディレクターもやっていましたから、そういう仕事かなと思ってい

88年3月31日放送分の『ライブトマト』に出演時のRED WARRIORS

89年10月19日放送分の『ライブトマト』に出演時のARB

たら、その新しいライブ番組はＰＡも照明も舞台作りも番組側の人間が仕切って、そこにアーティストさんが乗り込みでやって来るっていう。それは、当時の僕からすると本当に右も左もわからない状況というか……。だって、それまでは普通にテレビ番組のＡＤをやっていたわけですから。だからもう、プレッシャーはすごかったですよ。それでも、今思うとそこですごくいろんなことを勉強させてもらいました。舞台用語も全く知らなかったですからね。ライザー[※1]とか蹴込み[※2]とか……。尺貫法[※3]がわかるようになったのも、『ライブトマト』のおかげですよ。舞台制作ではまだ、その単位でやり取りすることが多いですから。間口10間と言われて〝18メートルだな〟と。そういうことをいろいろ学びながら、やっていきました。いつも、メジャーと場ミリテープを持ってましたね（笑）。やってる時は、いっぱいいっぱいでしたけど、当時、お話させていただいていた方々がみんな今は偉くなられていて、その人間関係も自分のすごい財産になってるなと思います」

『ライブトマト』における制作進行がどんな仕事をやるのかと言えば、当日の現場で起ることに関するすべてと言ってしまっても過言ではないだろう。

「住友さんやＡＰの木内（隆之）さんがブッキングをやって、それが整ったらこっちに渡されるんです。そこから先は全部僕がやる、という分担でした。現場では、木内さんもディレクター陣もあまり矢面には立つことはなくて、僕が出演者のマネージメントやステージのスタッフと一番折り合っていかないといけない立場だったわけです」

※1 ライザー
ステージで演奏者や楽器が載る台。多くは、ドラムやキーボードのセッティングに使われる。

※2 蹴込み
階段の踏み板と踏み板の間にある縦の板部分など、ステージ面に対して垂直になる部分のこと。

※3 尺貫法
日本古来の計量法で、長さは尺、質量は貫が基本単位となる。1尺は約30センチ、1貫は約3・75キロ。

ブッキングが決まると、各出演者にセット・リストを出してもらうところから、正の仕事は始まる。１バンドの持ち時間が40分から50分だったから、曲数は10曲前後ということになる。当時はほとんどが手書きの曲目表で、音資料もその頃は収録用にリハをやるようなことはないからＣＤ音源が送られてくる。それを曲目表の順にコピーして音声とスイッチング用に2セット作り、横浜からの帰りがけに蒲田で降りて、工学院のスタッフに届けた。出演者が変わればカメラポジションも違ってくるが、その折衝もすべて正の担当だ。

当日の現場で起こることは、ステージ周りだけにとどまらない。

「番組の公録だからイベンターが入ってないんですよ。だから、お弁当の手配から楽屋に用意するハンガーの数まで（笑）、それも全部、僕です。でも最初は、何を用意しておけばいいのかわからないですよね。とりあえず横浜と言えば崎陽軒だから、崎陽軒のお弁当置いとけば納得してくれるでしょ、みたいな（笑）。そんな感じでした。ステージ設営のアルバイトくんの手配はさすがにイベンターのホットスタッフさんにお願いしていて、収録日が決まると僕が電話するわけです。そのバイトくんというのは、一般のバイトというよりも今で言えばステージハンドというか、楽器のこととかもわかっている人間が求められるんですけど、ホットスタッフさんはいつも手練れのバイトくんをちゃんと手配してくれたんですよ。その中の何人かは、今や楽器会社の取締役になったりステージ制作会社の幹部になっていたりするんですよね」

下の世代ともに、新しいシーンを切り開いていく

『ファイティング80's』では宇崎竜童がパーソナリティーという立場でアーティストへのインタビューからライブ・ステージでのメンバー呼び込み、さらにはバラエティ的なコーナーまでこなしていたわけだが、『ライブトマト』では音楽評論家の平山雄一がインタビュアーとして真正面からアーティストと向き合うという形を、住友は設定した。

「『ファイティング80's』はシーンを切り開いていくというのが大きなテーマだったから、そこにはアーティストやファンを引っ張っていく存在が必要だ、と。それが宇崎さんだったわけだけど、『ライブトマト』の時にはもうシーンにはできていたから、そういう状況のなかではアーティストに専門的に対していく評論家という人間がいいだろうと考えたんです。そういう人間がアーティストにインタビューして、アーティストの、またシーン全体の深みを発信していくことで番組自体が信頼を勝ち得ていくという狙いもありました」

ここでも、住友はそうした狙いを細かく平山や制作スタッフに伝え、指示するということはしなかった。

「平山雄一がアーティストの核心を切り取っていくということが基本だったから、演出サイドからああして欲しい、こうして欲しいと言うことは基本的にはなかったと思うし、そ

の演出陣に対しても何か指示を出すようなことは基本的にはありませんでした。というのは『ライブトマト』という番組自体が『ファイティング80's』以上に、すごくストレートな番組だったと思うんです。ライブを見せることとインタビューを紹介することでアーティストの核心に切り込んでいくという、真っ直ぐな番組だったので、そこに変に演出を加えるのは良くないと思っていたし、言い換えると変に手を加えることなくアーティストのいい部分を引き出していくということだけを考える、というのがあの番組としての演出だったのかもしれないですね」

ただ、局のスタッフも技術スタッフも同世代だった『ファイティング80's』の時とは違って、『ライブトマト』の時代にはプロデューサー住友の下に現場のディレクター陣がいるという体制になっているし、彼らとはもちろん世代も違う。言葉で、具体的に、伝えるということが必要になる場面はなかったのだろうか。

「それはむしろ逆というか、集まったディレクター陣もみんな音楽が大好きな連中ばかりだったから、その意味であまり説明は必要なかったと思います。〝TVKというのはミュージック・ステーションだよな〟という認識を持っている連中が集まってきたわけだから。彼ら自身が、いろんな場面でTVKというのはミュージック・ステーションだということを実感していたということもあるだろうし、その過程で僕も彼らからいろんな刺激をもらいました。ただ、音楽が大好きな連中だったから、音楽にのめり込んでしまうという意味で「音楽バカにはならないでね」ということは言ったかもしれない。音楽自体に対しても、客観的に捉えていこうということは言ったかもしれないです」

コロムビアのプロモーターだった松本は、当時のＴＶＫの制作チームの「音楽好きの溜まり場」のような雰囲気を懐かしく思い出す。

「木内さんをはじめとする若い人たちとは、自分の会社のものでなくても、音楽の話ができたから、それがまた面白かったし、だからＴＶＫに行っていた、みたいなところもありましたよね」

正は、１人の音楽ファンとして『ライブトマト』の仕事は楽しかったのだと言う。新しい音楽との出会いがあり、ライブの醍醐味を間近で実感する日々だった。

「正直言って、この業界に入るまで邦楽は全く聴いてなかったんです。ＴＶＫの番組も、僕は東京の人間だから見たことなかったし。それが、ＴＶＫに行くようになって、ＡＲＢ、THE MODS、ECHOES……、みたいなバンドを知るわけですよね。その後には、ジュンスカイウォーカーズ[※1]、ユニコーン[※2]、それにUP-BEATとか。どんどん面白いバンドが出てきて、なんか本当に楽しかったんですよ。ライブ自体も、例えばＡＲＢの石橋（凌）さんが「魂こがして」という曲で自分の胸を叩いて♪I Gotta Soul You Gotta Soul 魂こがして！♪と叫ぶんですけど、それをチッタの舞台袖で見てて、ホントにポロッと涙が出てくるくらいカッコよかったんですよね」

※1　ジュンスカイウォーカーズ
Ｐ２７４「Close Up Interview 7 宮田和弥」参照。

※2　ユニコーン
Ｐ２５２「Close Up Interview 5 奥田民生」参照。

しかも、そういう音楽の魅力をストレートに伝える番組を自分たちで作っているんだという手応えを強く感じていた。

「ユニコーンやジュンスカとは、イベントがあるたびに一緒になって、今から思うとバンド・ブームのど真ん中にいた感じでした。そういうなかで、自分の裁量も効いたし……。そんなに忙しいのに、すごい数のライブを見に行ってました。みんなで手分けして、いろんなライブに行って、それで会議で「○○がよかったから、出てもらおうよ」みたいな話をするわけですよ。自分がよかったと思ったバンドが公録でブッキングされたりするわけです。〝自分がやってる感〟が半端ないんですよね」

松本が「若い人たち」と言った、正や木内、山本といった現場のスタッフはほぼ1960年代前半に生まれた世代だったが、そういう連中に「音楽が大好き」という大前提を踏まえた上で自由にやらせた結果、住友はどんな刺激を受け取ったのだろう。

「いわゆるバンド・ブームを代表するバンド、ユニコーンとかジュンスカイウォーカーズとかTHE BOOMとか、そういうバンドのメンバーと世代的に近いところでいろんなことを見て考えるということをやって、そのものの見方を僕に返してくれたというか、彼らなりの捉え方が僕にはすごく新鮮だったんです。それは大いに刺激を受けたし、さらに時間を進めると97年に『saku saku』[※1]を始める時、その内容を考えていたら木内が、「その番組のMCはPUFFYが面白いかもしれないですね」と言ったんですよ。僕も、漫然とPUFFY

※1 『saku saku』
正式名称は『saku saku モーニングコール』。97年4月スタート。月曜日~金曜日の午前6時45分からの45分番組。初代パーソナリティーはPUFFY。

は面白い2人組だなと思っていたけど、でも番組のMCを任せるまでのことは思ってもいませんでした。だから、バンド・ブーム以降の新しいアーティストたちを彼らはちゃんと捉えていたと思うし、その捉え方、ものの見方は僕もすごく刺激されたし、もっと言えばそのPUFFYの話が木内から出た頃には、そろそろ彼らに任せたほうがいいなとさえ思いましたね（笑）。やっぱりテレビというのは、若い連中が作らないと。番組にもよるかもしれないけど、少なくとも音楽番組は若い連中が若い感性で作らないとダメだよな、ということはずっと思っていましたから」

コンパクトな体制でステージの核心を伝えた『ライブトマト』スタイル

正は現在、音楽映像制作の最先端で様々な人気アーティストのライブや大規模フェスの収録に携わっているが、そういう現場ではカメラの台数が30数台というようなことも珍しくない。それだけに、『ライブトマト』のコンパクトな体制で撮った映像のクオリティの高さには、今見ると驚きさえ感じると話す。

「『ライブトマト』の映像を知っているマネージャーさんと話してると、「あの時は、カメラは少ないのにカッコいいじゃないですか。ああいうノリは出ないの？」と言われたりするんです。確かに、僕が今見ても思いますから。4カメで、よくここまでやるわって。時間がなかったわけでもないし、予算がないということでもなかったと思うんですけど、でもカメラ4台っていう。だから、まずカメラマンはすごいですよ。それは間違いない」

そう言って、カメラマンたちの素晴らしさを称えた上で、正もやはりスイッチングの重要性を指摘する。

「基本的なノリはやっぱりスイッチングなんですよ。例えば『ライブトマト』にももう16のノリの曲をやるアーティストが出てきたりしていましたけど、16ビートだからって、早く切っていけばいいというものでもないじゃないですか。むしろ、16だと細かく切れないということがありますよね。でも、『ライブトマト』では……、それはスイッチャーなのかディレクターのタイミングなのかわからないですけど、僕が見ていても素敵だなあと思うことが何度もありましたよね。だから、『ライブトマト』の映像がカッコいいというのは、スタッフに恵まれたというのは絶対あると思いますよ」

そう語る正も、『ライブトマト』のスタッフとして得た経験と人脈を生かす場が広がり、80年代後半から90年代にかけての時期、いよいよ忙しくなっていった。TBSでもエンターテイメント情報を扱う生放送番組のディレクターを担当し、スケジュールがタイトになった時期にはTBSがある赤坂で生放送を終えるとタクシーを飛ばして新都市センターホールに向かうということも一度や二度ではなかった。さらには、この頃から『ライブトマト』

89年9月13日放送分『ライブトマト』に出演するジュンスカイウォーカーズ

チームでＭＶの制作を引き受けることも増えていった。

「木内さんの仕切りで、ZIGGYとかリンドバーグのクリップを作りました。今思うと本当にアナログですけど、撮影スタジオで、メンバーそれぞれのカットを何度も撮って、それを編集して、というクリップですよ。けっこう、たくさんやりましたよ。だから、変な話、収入もその頃が一番多くて（笑）、いろんな意味で楽しくやってましたね」

雑誌とのコラボレートで世界を広げる

『ライブトマト』は、始まった翌年の87年8月にはレベッカの横須賀での野外コンサートを収録し、その年の大晦日には新宿コマ劇場[※1]からの年越し生放送を実現。雑誌「PATi PATi」[※2]との連携も始まり、88年7月にはＴＶＫと「PATi PATi」の名前を冠したイベントをよみうりランドＥＡＳＴで開催するなど、ＴＶＫの音楽番組はそのポテンシャルを着実に高めていった。

「レベッカの横須賀コンサートは、そのイベンターをやっていたディスクガレージから話があって、やることになったんです。その翌年のプリンセス・プリンセスの横浜港ノースピアでの野外ライブも同じ話の流れでした。その頃には、音楽雑誌も盛況で、「PATi PATi」

※1　新宿コマ劇場
東京・新宿の歌舞伎町に１９５０年代からあった劇場。ミュージカルなども上演されたが、「演歌の殿堂」として広く知られていた。客席数２０８８。２００８年12月31日をもって閉館した。

※2　「PATi PATi」
ＣＢＳ・ソニー出版が１９８４年に創刊した月刊音楽誌。先行誌の「ギターブックＧＢ」よりも判型を大きくし、カラーグラビアも増やしたページ構成で、チェッカーズや吉川晃司、プリンセス・プリンセス、さらには米米ＣＬＵＢ、聖飢魔Ⅱといったアーティストを積極的に取り上げて支持を広げ、「PATi PATi Rock'n Roll」や「PATi PATi 読本」といった兄弟誌も生まれた。２０１３年10月号をもって定期刊行を終了。

と組んで〝パチパチトマト〟というイベントをやったりもしたんだけど、それはつまりその頃からイベンターも含め、いろんなメディアとメディアミックスをやって広がっていこうという流れになっていったんですよ」

ただ、ＴＶＫにはＴＶＫのカラーがあるから、誰とでも組めるというわけではない。レベッカやプリンセス・プリンセスのコンサートも、新宿コマ劇場での収録も、ディスクガレージからの提案だったから話が進んだという面もあったと住友は振り返る。

「ディスク（ガレージ）とやっていて、自分たちが今やろうとしていることをもっと太く大きくできるなということを感じていたんですよ。だから、レベッカもプリンセス・プリンセスも、新宿コマも渋谷公会堂も、というふうにどんどん広げていけたんだと思います。新宿コマは、下見に行ったら劇場の造りがすり鉢状になっていて、ステージに立つ人間からすると、やってて気持ちいいだろうなと思ったし、撮る側としても、すごくいい空気を撮れるなと思ったんでやることにしたんだけど、２回やったところで劇場が閉鎖ということになり、それで渋谷公会堂に移りました。「PATi PATi」とのジョイントも、ディスクの中西（健夫）[※1]さんと話しているなかで、「PATi PATi」が部数をすごく伸ばしていて、「PATi PATi Rock'n Roll」という兄弟誌もできるという状況だったから、そういう雑誌も巻き込んで一緒にやりましょう、という話になったわけです」

先にメディアミックスという言葉が出てきたが、例えば映像収録の会場の選択肢や規模、

※1　中西（健夫）さん
Ｐ２６２「Close Up Interview 6 中西健夫」参照。

あるいはその形の可能性をイベンターと組んでどんどん広げていくことと、雑誌という全く次元の異なるメディアとジョイントすることはずいぶん違うことのように思える。しかも、住友はかつて『ファンキー・トマト』を始める際に雑誌のテレビ化ということを考え、「それはずいぶん無謀なこと」と思った経験も持っているわけだが、その住友が雑誌と組むというアイデアにどういうことを期待していたのだろうか。

「僕の気持ちのなかには当時、『ライブトマト』は順調で、ある意味では安定した状況になりつつあるという感触があったように思うんです。だから、そういうアイデアを提案された時に、違う世界にもう一歩踏み出そう、というか……。もう一段高いところへ行きたいな、と。そうすれば、また違う展開ができるんじゃないか。新しい風景が見られるんじゃないか、という思いがあったんですよ。それに、そういう話が成立するということは音楽業界がTVKに媒体価値を認めてくれたということだろうし、その上でテレビとは違う媒体と一緒にやることが、新しい形というか新しい世界を一緒に作っていくことの1つのアクション、僕らが次の段階に向かうためのやり方だったと思います」

つまり、何かを得ることを期待していたというよりは、安定した状況に落ち着いてしまうことを避けようとしたということであり、自分たちにとってのNEXTを見定めようとしていたということである。

キャロルを担当していた時代から雑誌媒体へのプロモーションも経験していたEPIC

の藤澤（葦夫）は当時、ＴＶＫと「PATi PATi」のジョイントは必然的なことだと感じていたと話す。

「住友さん、ちゃんとわかってるなあと思いましたよ。佐野元春もTHE MODSも、ライブと活字によってそれなりのところまで押し上げてもらえたわけだけど、住友さんがやってるものはテレビ番組とは言っても、ライブの匂いのするものだったじゃないですか。「PATi PATi」も、かわいい感じはあるにしても、ライブの匂いがする雑誌だったから」

キーワードはやはり、ライブだ。

バンド・ブーム、そこでいよいよ際立つファンとの信頼関係

さて、住友が見定めようとしていたＮＥＸＴである。

80年代の後半から、様々な音楽性とキャラクターを持ったバンドが相次いで登場し、シーンはいわゆるバンド・ブームの状況に入っていく。アーティストの個性もシーンの動向も、そしてファンの年代や嗜好も大きく変化していくなかにあっても、この章の冒頭で紹介した通り、住友は自分たちがやるべきことははっきりしていると思っていた。ただ、自分たち自身もメディアとしてより高まっていこうとするのならば、そこに何か戦略的な発想、

ものの見方も必要になってくるのでないかと思ってしまうが、住友の言葉からそうした戦略的な要素を見出すことは難しい。もっと言ってしまえば、おそらく戦略というようなものを住友は考えていなかったのではないか。そう感じるのは、ここまでの足取りをたどれば戦略的な発想とは無縁の一貫した指向が住友にはあることがわかるからだ。それは、すでに『ヤング・インパルス』を担当していた時点で本人が自覚していた、「ともに作る場を持ち合う」という意識のことである。然るべき人間とそういう場を持ち合い、互いに切磋琢磨していけば、自ずと高まっていけるという信念、あるいは肌感覚としての指針が彼のなかで揺るぎなく存在していたから、機を見て謀る戦略のようなものは必要なかったのだろう。

そういう場を持ち合う相手として、ディスクガレージの中西健夫がいて、「PATi PATi」を創刊した吾郷輝樹にも出会い、何よりもそれぞれに魅力的なアーティストたちが次々と登場してくるという状況が生まれていたわけで、住友にすれば、そこに真正面から向き合っていけば大丈夫という感覚ではなかったかと想像される。

「ユニコーンやジュンスカイウォーカーズ、THE BOOMといったバンドが出てきていることはもちろん早い時点で知っていたので、「PATi PATi」やディスクガレージと連動して、そういうバンドたちを新しいムーブメントにしよう、と。逆に言えば、そういうバンドたちの登場がメディアミックスの1つのきっかけになったと思います。それから、『ライブトマト』を始める少し前くらいの時期から、僕らがずっと意識してきたロック・シーンという地盤ができてきたかなという印象があったんです。HOUND DOGとかレベッカとか、大きなバンドが出てきたおかげで。その地盤に乗っかって次の世代が出てきたから、その動きをしっかり捕まえて押し出していくことが僕らの役割だろうと考えていました。そこに一気に向かっていったということですね」

ところで、1984年にCBS・ソニー出版で創刊された雑誌「PATi PATi」もまた、当時の音楽シーンの動きを敏感に捉えて生まれたメディアだった。EPICの藤澤は、プロモーションする側からの視点で「PATi PATi」誕生の経緯をこんなふうに解説する。

「吾郷さんは「GB」[※1]を見ていて、オフコースとかアルフィーとか、そういうビッグ・アーティストを毎号のように取り上げることで雑誌が売れていくということをわかっていたんですよね。だから、〝じゃあ、次のビッグは誰だ？〟と探していたんでしょう。それがチェッカーズだったわけです。それで吾郷さんは「PATi PATi」を作るわけだけど、あの雑誌をビジュアル的な内容にしたのは吾郷さんの編集者としての勘だと思う。そして、その勘は正しかったわけですよね」

コロムビアの松本は、この頃音楽誌のトレンドに確かな変化があったことを記憶している。

「あの頃、音楽誌も変わったじゃないですか。「PATi PATi」とかできたし、「ロッキング・[※2]

※1 「GB」
「ギターブックGB」。CBS・ソニー出版が1977年に創刊した月刊音楽誌。フォークギター講座や付録の歌本が人気を集めた。

※2 「ロッキング・オン」も、ジャパンが大判で出たし。「ロッキン・オン・ジャパン」は、洋楽誌「rockin'on」の兄弟誌として1986年9月に創刊。

オン」も、ジャパンが大判で出たし。ビジュアル重視の雑誌が急に増えましたよね。そのことを思うと、もしかしたらライブよりもPVのほうがあの頃は影響力が大きかったのかもしれないですね」

アメリカでMTVがブームになると、アーティストのビジュアル面がヒットに繋がる大きな要素になっていき、またファンの低年齢化が進んだわけだが、同様の現象が日本でも引き起こされてバンド・ブームと呼ばれるような状況が生まれ、さらには89年2月にTBS系で始まったバンド・オーディション番組『三宅裕司のいかすバンド天国』のヒットが、その状況に拍車をかけることになった。

90年3月の「オリコン・ウィークリー」では、「バンド・ブームは終わった⁉」と題して、そうした状況に対応しようとする音楽メディアの試行錯誤が語り合われている。参加者は、住友、中西に加えて、雑誌『B.PASS』の編集長、緒方庶史とTBSラジオのプロデューサー、高綱康裕の4氏（肩書きはいずれも当時）。そこで、司会者が「現在のユーザー像をどのように捉えているか？」という質問に対して、住友はこう答えている。

「僕らなりの感性でいくという方法もありますが、逆に子供達の側にいろんなものを提供して、その反応を見ながら僕らに返してもらうというやりとりをしていった方がいいと思うわけです。このほうがユーザーといい関係でいけると思うし、押し付けは避けられますから」（原文ママ）

この座談会の基本トーンとして、バンド・ブームが生み出したファンの低年齢化、多様化にメディアも含めた音楽シーンが引っ張られていくことへの懐疑があったように感じられるが、そのなかで住友だけは「大丈夫だと思うよ」という雰囲気を滲ませている。そして、先の発言からもうかがえるように、バンドを追いかけてライブに出かけていくティーンズを、音楽についてフェアにやりとりできる相手と見做していたように感じられる。

その座談会から30年経った今、「それにしてもファンの気質や行動の変化を感じて混乱したり戸惑ったりすることはなかったか?」とあらためて問うと、住友が語ったのはファンに対する信頼であり、そうしたファンの思いを歪めることなく伝えようという意思だった。

「ロックの世界も広がりを持つようになっていって、その音楽に共感する、あるいはアーティスト自身に共感するという客がいて、その人たちは以前のファンと同じようにちゃんとアーティストを守ろう、音楽を守ろうという意識は絶対あったと思うんですよ。だから、客層が変わったというよりも客層が肥大化してマスになったということであって、その結果として彼らのことを掴みにくくなったということは否めない事実だと思う。その現象に対して、僕らは新しい世代のアーティストや客の台頭、息吹を感じていました。そして、僕たちテレビは〝時代を、そして社会を映す鏡であろう〟としたんです」

その信頼はどこから生まれてきたのか。おそらくは、『ライブトマト』の現場で、10代の音楽ファンが様々なアーティストのパフォーマンスに真摯に反応する様子をしっかりと見続けていたからだと思われる。

「『ファイティング80's』の最初の頃に無名のバンドが出てきたらお客さんが引いてしまうというような空気があったけれど、『ライブトマト』の時にはもう全くなかった。音楽ファンのなかにそういうロック・バンドを受け入れる土壌とセンスみたいなものが出来上がってきていたように思います。それをこちら側から見れば、そういう地盤がある状況の中に新しいバンドをどんどん投げ入れていったのをファンがちゃんと受け止めてくれたということだったんじゃないかなという気がします。ビッグなバンドだけ立ち上がって拳をあげるということではなくて、どのバンドにもそういう反応をしてくれる人が来てくれたから、そういう意味でのやりやすさが僕らにはあったと思います」

そうしたフェアな視線は、もちろんアーティストに対しても同様だ。先の座談会でも、ブームに乗って出てきたバンドのなかには、多様化と言えば聞こえは良いけれども要はブームがなければデビューできなかったであろうバンドもいるというような意見が語られていたが、住友はその多様化と言われる状況をむしろ面白がっていたようだ。そして、一元的な価値観で判断するのではなく、それこそ10代の音楽ファンのような感覚で、面白いと感じたものを、その個性に合わせたアウトプットに推し出していった。

「確かに、ボーカルやライブ力が弱いバンドというのもいました。でも総合力と言うのかな、全体で見ると〝これはこれで面白いじゃない〟というバンドもいたわけです。だから、ウチだったら『ミュートマJAPAN』でクリップを見てビジュアルと楽曲を確認できて、『別冊ミュートマJAPAN』でキャラクターを知ることができて、『ライブトマト』ではライブを体験できるというトライアングルで、いろんな見方というか情報を与えていたということがすごく大切で、場をいっぱい作ったほうがいろんなアーティストを拾えて、大きな動きになると思っていました。その上で、例えばあるアーティストは「PVの番組で取り上げるのはいいけど、トークの番組には出さないほうがいいな」とか。それは、こちらの判断としてね。その3つの窓口を全部使うのが効果的というわけではなくて、アーティストによって2つを使うのが効果的な場合もあるだろうし、1つの窓口に集中してやっていくのが効果的な場合もあるだろうし。一律の評価で、一律のやり方でやっていたわけではなくて、僕らが面白いと思うそのアーティストのポイントを一番伝えられる形をそれぞれに考えて、やっていきました」

BOØWY解散を顕在化するロック市場のメジャー化

ファンまで含めたロック・シーンの多様化ということ以上に、この時期の一番大きな変化はシーンのメジャー化ということである。そして、その流れを決定づけ、またアーティストたちにもそれを意識させたのが、88年のBOØWY解散という出来事だったことは間違いない。彼らははっきりとオリジナルな音楽性を持ったバンドであり、しかも紛れもないロック・バンドだったが、そういうバンドが東京ドームで解散コンサートを行ったのだ。そこで、ロック・ビジネスの規模感がMAX武道館からMAX東京ドームになり、ロック・バンドでもそこまでやれるんだと多くの人が認識することになった。

そうした変化のなかで、サブ・カルチャーの発信局を自認し、その重要な担い手としてのロック・アーティストをサポートしてきたTVKが、メジャー化した、あるいはメジャー化を目指すロック・アーティストに対して果たす役割に何か変化はあったのだろうか。

「僕が思うのは、アーティストがTVKをどう見ているかということに尽きると思うんです。アーティストがどんどん大きくなっていくのはいいことだし、ロックの認知が高まることもいいことだと思っていて、そのなかでアーティストがTVKをどう思っているか、そのアーティストのキャリアのなかでTVKはどういう存在だと位置付けられているのかということだと思う。アーティストはどんどん大きくなっていけばいいし、ロックがビジネス化していくことがある意味では大人になっていくということだとしたら、それもいいことだと思う。その上で、ただ1つ言うとすれば、〝お節介だけど、ケガはしないようにね〟ということだけですよ。利用されないようにねって。例えばHOUND DOGの曲がCMに使われた、と。それが彼らにとって必要なことであればいいと思うし、むしろそれを利用すればいいと思う。だから、最初の質問に戻れば、ＴＶＫとアーティストが仲間意識を持てる共通言語を持てているかどうかということが一番大切だと思うし、それが持てていれば、また次の展開というか、新しく生まれるものがあるだろうと思っていました」

そんな住友の話を聞いていて思い浮かぶのは、どこにでもある地方都市の県立高校の同窓会だ。その高校の卒業生の進路をたどると、出来のいい学生は地元の国立大学に進み、特に出来の良い人は県庁へ、それでなければ地元の市役所に勤めるというのが通り相場だったのに、ある時どうしたわけか東大に行く人間が出るようになって、その東大組の中には中央の官庁に勤める人間も出てきた。そうなると同窓会を開いた時の雰囲気も変わってくるだろうし、集まった人たちの振る舞いにも変化が見られるだろう。が、そこにもし住友がいたら、彼は相変わらず地元で自分の仕事を自分のペースでやっていくのだろうし、同窓会に出席しても以前と同じように振る舞うだろうという気がする。

そんな話を聞かせると、住友はおかしそうに笑った。

「やっぱり、どこかで自分の原点に戻ってしまうというか、そこから変にはみ出して権力を持って立ち振る舞うというのは嫌だなと思ってしまうところはあるのかもしれない」

もちろん、それはどうしてなのか？と聞きたくなる。

「それは、ＴＶＫの始まり方の話になってしまうけれど、元々は外から見向きもされていなかったわけです。それで卑屈になることもなかったんだけど、例えば開局当時はレコード会社のプロモーターがＴＶＫに来ることなんてなかったんです。でも、だからと言ってこちらからレコード会社に出かけていくということをやろうとは思いませんでした。どこかで、変なプライドみたいなものはあったと思います。そうしていたら、以前は見向きもしなかった人がすり寄ってくるということも何かのタイミングで目にしたりもするわけです。そういう人とは組めないよね。〝そういう奴は嫌だ！〟という、好き嫌いの激しいところが僕にはあったから(笑)。利用されるのは絶対嫌だし、利用するのも避けたい。そうじゃなくて、お互いが一緒にやることで大きくなれるというか、面白いことがやれるということが大事なんです。そういう意味では、ＴＶＫでやってきたからこそ人を見る目が育っていったということはあるんじゃないかなと思いますね」

話の角度を少し変えてみよう。

住友は、大風呂敷を広げるのは良くない、と考えているのだろうか？

「そういう意識が有るか無いかと言えば、それは無いです。風呂敷を広げるようなことをやるかどうかは、人との出会いに因るんじゃないかと思うんです。この人にとって自分は必要な人間なのか？ という見極めがあって、その上でこの人と一緒にやっていこうと考えるわけで、というのもウチはそもそも独立局だから、まず自分の居場所をきちっと決めた上で、その立ち位置でどういう人と一緒にやっていくかということを考える。だから、大風呂敷は広げないけれども、小さな風呂敷は広げるかもしれない。例えば、イベンターや雑誌と組んでメディアミックスを進めるというのは小さな風呂敷を広げたのかもしれない。だけれども、同時に自分のなかに〝ここまでだ〟という自制心みたいなものがはたらいていたかもしれない」

さらに、「上昇志向」という言葉を投げかけてみると、住友は「多分、精神的な意味での上昇志向はあると思うけど、いわゆる上昇志向、現実の世界での上昇志向は無いと思う」と答えた。ただ、住友はずっとTVKという会社の社員だった。その「会社」という生き物は、今年の利益が1億ならば来年は2億の利益を目指すという、本能なのか宿命なのか、そういう命題を負っているはずで、そこに生きる社員もまた同様ではないか。

「おそらく、そうでしょう。ただ、その中身はどうなんだ？ということだと思うんです。そこをちゃんと見極めないといけないし、しかも放送局であるということを忘れてはいけない。番組を作ってこその放送局なんだから、そこに適った結果なのかということを見極めないと、意味のない放送局になってしまうと思います」

在京キー局の電波がすべて届く地域に生まれたが故に、「そんな放送局、存在する意味があるの？」と問われ続けたテレビ局でキャリアを積み重ねてきた住友にとって、始まりから20年経って、すでに十分その存在を認められるようになってはいても、やはり一番大事なのは「あなたは、そこにいる意味があるよ」と認められる居場所を持てているという実感なのだ。

喪われたものと生み出されたもの——開局20周年を機に考えたこと

バンド・ブームが一段落する1992年、TVKは開局20周年を迎え、その記念番組として、11月7日と29日の2日間にわたって放送された『保存版ミュージック共感史』という特番を制作している。

「20年経って見えてきたもののなかで一番大きかったのは、『ファイティング80's』を見に来ていた人がそのライブに刺激されてバンドをやり始め、プロになって『ライブトマト』に出てしまったという、その流れというか、世代の繋がりというものを感じたことです。そこで、その20年の間の音楽の流れというものを総括してみたいという気持ちが自分のなかにはあって、それがああいう番組の形になったんじゃないかと思います」

『保存版ミュージック共感史』は3つの番組で構成されていて、まず7日にドキュメント・ドラマ『日本からロックが消える日～逃げろ桑田佳祐』と電話リクエスト番組『田代・うじきのフォーク&ロック大全』が、そして29日には『RCサクセションの子供達』と題したライブ番組が放送された。

タイトルにもある桑田を中心に、佐野元春なども登場した『日本からロックが消える日

〜逃げろ桑田佳祐』は、そのセンセーショナルなタイトルからもわかる通り、当時の状況に対する住友の危機感をベースに構想された番組だ。

「その頃、ロックがどんどん産業化していって大人の世界に飲み込まれてしまうというか、言わば〝少年の心〟が骨抜きにされてしまうというような感覚がどこかにあったんだと思います。そのアンチテーゼというか、その流れに抗する代表として桑田佳祐を選んだのは、彼はとてもしたたかな男で、しかも音楽的な才能に溢れているわけですよね。それは宇崎さんにも共通することなんだけれども、あの時代に一番発信力のあった桑田佳祐に登場してもらうのがいいだろう、と。彼が〝ロックが消えてしまう!〟という危機感を代弁するのは、とてもわかりやすいと思ったし、そういう状況に対する、警告と言ってしまうと大袈裟になるけれど、〝ちょっと言っとかないと〟という気持ちはあったと思います」

『RCサクセションの子供達』[※1]は、その名の通り、RCサクセションの影響を受けて音楽を始め、当時のシーンの最前線で活躍していたアーティストを集めて、本牧のマイカル・アポロ・シアターから彼らのライブ・パフォーマンスを伝えた。

「『ファイティング80's』の1回目のゲストがRCサクセションだったという事実は、今から振り返ってみても我ながら〝当たりじゃん!〟と思うんです。だから、あの特番でRCを根っこに据えたのは彼らに対するオマージュみたいな気持ちがあったんだろうと思います。で、彼らの影響を受けて音楽を始めた新しい世代のライブをまとめて見ることができ

※1 『RCサクセションの子供達』
宮沢和史(THE BOOM)、高野寛、浜崎貴司(FLYING KIDS)、宮田和弥(ジュンスカイウォーカーズ)、森若香織(GO-BANG'S)、柳原幼一郎(たま)らが出演した。

るというのは、僕自身も〝鳥肌もの！〟と思いました（笑）。本当に、あの収録は楽しかったな」

今から振り返れば、このイベントは1972年に始まった住友のTVKキャリアのちょうど折り返し点だった。ここから20年後の2011年に住友はTVKを去ることになる。

往路を走り通して復路に入ったことを住友が感じていたとは思えないが、ここからのキャリアは自身が蒔いた種が芽を出して成長し、その実を収穫して次世代に引き継いでいくための作業へと向かっていく。

『RC サクセションの子供達』に出演した高野寛（上）、浜崎貴司（下）

Close Up Interview 5

奥田民生

Tamio Okuda

ＴＶＫはライブが多いということもあって、何か身近な感じはあったし、〝一緒に作ってる〟みたいなノリもあったし。こっちの言うことも通してくれそうだったし（笑）。いろんな意味で密着してましたよね。

音楽を作って演奏し音楽ファンに届けるということを真っ直ぐにやり続け、その１つの形としてYouTubeのような新しいメディアにも積極的に取り組む奥田は、音楽番組を取り巻く状況が大きく変化するなかでテレビに、そしてＴＶＫに何を期待するのか。

奥田民生

1965年広島生まれ。87年にユニコーンでメジャーデビューする。94年にシングル「愛のために」でソロ活動を本格的にスタートさせ、「イージュー★ライダー」「さすらい」などヒットを飛ばす。様々なアーティストとのコラボレーションや、プロデューサーとして才能をいかんなく発揮。昨年ソロ活動25周年を迎え、現在はテレワークでゲストと繋がりトークや演奏を繰り広げる『カンタンテレタビレ』やバーチャル背景で演奏する『カンタンバーチャビレ』などをYouTubeにて次々と公開している。

――デビューした頃、奥田さんの意識のなかではテレビに出るということはカッコいいことだったですか？　それとも、カッコ悪いなあという感じだったですか？

奥田　デビューした頃は、どんな番組があったかなあ……。ビデオクリップをかける番組にトークのゲストで出るとか、そういうのから始まってると思うんですよね。当時は音楽番組もいろいろあって、宣伝にもなるから、積極的に出ようとはしていたと思いますけど、でもテレビというもの自体はあまり得意ではないので、まあ、なんとかゴマかしてたという（笑）。

――（笑）。当時はバンドで動いていたでしょうから、そういう場合には他のメンバーもいるのは助けになりますよね。

奥田　そうですね。１人よりは楽でしたけど、しゃべらされるのは僕だったし、今みたいにみんながワーッとしゃべらないので、何かと俺だけ忙しい、というイメージはありましたけど。

――例えばダウンタウン・ブギウギ・バンドとかツイストとか、広島時代にテレビで見ていたバンドのように俺もなってきたなあ、みたいな喜びの感覚はありませんでしたか。

奥田　当時、『ザ・ベストテン』とか『歌のトップテン』とか、そういう番組があったと思うんですけど、『ザ・ベストテン』で言うと、僕らはベストテンには入れなかったものの、〝もうすぐベストテン〟みたいなコーナーにライブの現場からの中継という形で出たんですよ。『ザ・ベストテン』はずっと見てた番組だから、そういう番組に出るとやっぱり「テレビに出た感」はありましたよね。

——同じ宣伝とは言っても、例えば雑誌のインタビューに比べれば拘束時間も長いだろうし、テレビ局の人の態度も独特な感じはあったんじゃないですか。

奥田　基本的に、こっちが慣れてないというのがありましたし、時間がかかるのはまだ若かったから大丈夫でしたけど……。今は、長いとホントしんどいですけど（笑）、当時はよくわかってないから言われた通りにやるしかなかったですよね。でもＴＶＫの場合は、ライブが多かったから、あまりテレビに出てるという感じはなかったんですよ。だから、ＴＶＫは他の局とは全然違って、楽でしたけどね。

——やはり、同じテレビ局でも、ＴＶＫは違った感じがあったんですか。

奥田　まずライブが多いということもあって、何か身近な感じはあったし、〝一緒に作ってる〟みたいなノリもあったし。こっちの言うことも通してくれそうだったし(笑)。ユニコーンの番組みたいなのもあったし、ドラマみたいなこともやったし、いろんな意味で密着してましたよね。他の局は、新曲を出したら、その時にやってる番組に出るという感じでしたけど、ＴＶＫはことあるごとに出てましたよね（笑）。それに、ＴＶＫの場合は平山（雄一）さんがいつも一緒にやってるイメージがあって、平山さんとはもう長い付き合いですけど、それもＴＶＫが始まりですよね。

——何か言えば聞いてくれそうな空気があったという話でしたが、その空気というのはどういうものだったと思いますか。

奥田　やっぱり一番、音楽に特化した局だったというか……。だから僕らはやりやすかったんだと思うんです。音楽をやればいいということだから。しかも、それを撮って、放送してくれるわけだから。僕らとしては、記録に残してくれて、ありがとうございますっていうことですよね。その映像も、作り込んだものじゃなくて生々しいものがほとんどで、その時々のライブの様子を伝えますという感じだったから、やるほうもやりやすいし、後で見ても「この時はこんなだったんだ」というのがわかりやすいですよね。

——特に奥田さんの場合は、映像の形で記録されるとなった場合に、そこには音楽しかないというような形が望むところなのかなという印象がありますが。

奥田　バラエティ要素みたいなものも好きか嫌いかで言えば好きですけど、じゃあ、本当のバラエティ番組に出ていって何かやろうというのは恐れ多いわけですから。その点TVKは、僕らが裏方で面白がってる部分を出せていたりだとか、そういうところがやりやすかったですよね。ウチの事務所のイベントみたいなものまでTVKにはお世話になって、それが毎年のようになって、そうなるとそれぞれがやるだけじゃなくメンバーをシャッフルしてカバーをやったりするのにもずっと付き合ってくれましたし。

——そういう場があるから、セッションの組み合わせや選曲も考えるというきっかけになりますよね。

奥田　そうなんですよ。毎年「あれがあるから、この時期になると考えないとね」っていうのが当たり前になってた時期がありましたから。いろんな組み合わせでやるのが、息抜きにもなってたし（笑）、もちろん刺激にもなったし。鍛えられた部分も絶対あったと思うんですよ。いろんな人と、いつもとは違うタイプの音楽をやったり、そうなるとアレンジも考えたりするし、女性がいたらキーのことを考えたりとか、そういうのはユニコーンだけをやってるとできないことで、あのおかげでいろいろ勉強できたんですよ。そういう場面をＴＶＫにはたくさん与えてもらいましたよね。

――そういう時代から世の中もどんどん変わっていって、最初にテレビに出るのは宣伝になるからという話もありましたが、そういう効果をあまり期待できなくなってきましたが、そうなると元々テレビはあまり得意じゃないし、いよいよテレビに出ることは縁遠くなってしまいますか。

奥田　今はレギュラーの音楽番組がほとんどないですから、テレビに出ることは減ってきたのは単純にそういう理由で、出たくないというわけではないんで、特番みたいな形で現場を作ってくれたりすると、それはやっぱり楽しいですよ。ありものの番組じゃないから、こちらからもアイデアを出したりして、いろいろ相談しながらやれますから。ただ、同時にYouTube みたいなものもあって、簡単なことなら、やろうと思えばポンとやれちゃうという時代になってるから、この間ユニコーンの特番をやらせてもらった時にABEDONも言ってましたが、テレビをやらせてもらうなら、ちゃんとセットもあって照明も音響もちゃんとしてて、というテレビならではの環境でやりたいな、と。パパッとやれることはYouTubeでやって、テレビに出るんなら、ちゃんとライブを撮ってくれるとか、そういうふうにしっかり差別化して考えたいなと思いますよね。

——YouTubeに関しては、奥田さんも積極的に取り組んでいますが、そこで音楽だけでなく、それを伝えるメディア的な部分も自分で考えて発信するという形をやってみて気づいたこと、感じたことはありますか。

奥田　僕が発信しているものというのは、もし仮にそれがそのままテレビの番組になったとしたら、そんなに視聴率は取れないと思うんです。やってる内容が、楽器を演奏したり録音したりすることが好きな人向けのものだから。でも、テレビというのはそうじゃない人にも見てもらわないといけないということで、やり方が変わってくるじゃないですか。何か味付けが必要になってくると思うんですけど、今やってることはそういう味付けみたいなこと無しでもやれてるわけですよ。YouTubeだから。もちろん再生回数が増えたほうがいいけど、テレビみたいに視聴率の心配はしなくていいというのは本当に大きいです。だから、やってみて、あらためてテレビの人たちは大変だなと思いますよね。ただ、それと同時にテレビではやらなそうな地味なことを（笑）、やって見せるのが面白みになってるんだろうなということも思います。

――確かに、視聴率を取れるようにと考えるとやり方が変わってきて、例えば見てて飽きないように可愛い女の子をアシスタントみたいな立場で入れなきゃいけない、みたいなことが出てきます。でもそれは、音楽を作って録音することの面白さを真っ直ぐに伝えたい側からすると、ある種の不純物が混ざるような感じですか。

奥田　いや、可愛い女の子はいたほうがモチベーションは上がりますけどね（笑）。ホントはいたらいいのになと思いながら、1人でやってるところに味があるのかなと思っています。ただ、「録音してる時なんて、こんなもんだよ」という気持ちもあるんですよ。すごく地味な作業だし、いかにも楽しそうにやってるわけでもないし。まあ、間違えて笑う時はあるけど、基本的にはすごく淡々とやってるわけです。さらに言えば、間違えたり煮詰まったりしても、そんなに暗くなるわけではないということも伝えたいことの1つではあるんです。

――とにかく、やりたいことをやりたいようにやってるんだ、と？

奥田　そうそう。みんなに見てもらおうという前に、自分が楽しいからやってるわけで、それでいろんな知識を得て、バンドもやりながら多重録音もやったりして、何十年か続けてきたわけです。そこで貯め込んだノウハウみたいなものを伝えましょう、と。そういうものだから、別に威張れるものでもないし、「すごいですね」というような話でもないような気がするんです。「へええ、そうやって、やるんだ」っていう。それが、醍醐味なんですよ（笑）。

──（笑）。以前、ＮＨＫの番組でYouTubeのトップの方と対談されましたよね？

奥田　ああ、やりましたね。あの人は、元々はRUN DMCなんかのロード・マネージャーとかやってた人で、言ってみれば元は僕ら側の畑の人なんですよね。

──そのYouTubeのトップの方が、「レコード会社は重要な存在だけれども、80年代と同じ考え方をしていたら今は必要ないかもしれない」という主旨のことを話していましたが、それと同じようなことがテレビ局についても言えるんじゃないかと、奥田さんのYouTubeの話を聞いていて思いました。

奥田　あの人はYouTubeのトップという立場だから、テレビも要らない、ＣＤも要らないと言ってましたが、要る／要らないという以前に、〝そうなるだろうな〟ということが簡単に想像できてしまうから、それが悲しいことなのか何なのか僕にはわからなくて……。というのも、僕はテレビの人間ではないし、ＣＤを工場で作ってる人でもないから……。

──その中身を作っている人ですよね。

奥田　そうそう。だから、要るとか要らないとか言ってられなくて、世の中が変わったら変わったなりにやっていかないといけないわけで。変わるんなら、わかりやすく変わってねとは思うけど。

――あのYouTubeのトップの方は、YouTubeのエンジニアたちにミュージシャンの気持ちをわかってもらいたくて音楽作りの現場からYouTubeに移ったんだと話していましたが、そういう通訳のような存在がテレビ界にも増えたら、奥田さんもテレビでもっと面白いことができるような気がしますか。

奥田　そうかもしれないですね。だって、音楽番組が少なくなっていくと音楽に詳しい人がテレビ局のなかでどんどんいなくなっていくと思うし、音声や照明にしても音楽を扱う機会が減っていくとそのための技術はやっぱりダメになっていっちゃうと思うんです。ＴＶＫはそんなことにはならないでくださいねというか、さっきのイベントを毎年のようにやってた頃の話じゃないですが、音楽をすごく大切にしてくれてた局だと思ってるから、具体的な番組の形は変わるかもしれないにしても、音楽に携わるものをずっとやってほしいし……、僕らはやれるんなら一緒にやりたいわけですから。正直に言って、僕らはどの局なのかとか、そういうことは基本的には関係ないんですよ。昔は「○○の弁当が美味しい」とかありましたけど（笑）。要は、音楽をちゃんとやればいいんです。

――ちなみに、お弁当についてはＴＶＫはかなりの確率で崎陽軒のシウマイ弁当ではなかったですか。

奥田　いや、あれはあれでよかったんです。ＴＶＫに行くとシウマイ弁当だから、今はこれを食べよう、とか（笑）。そういうのも良かったんで。そういうところに特徴があるのも、面白いじゃないですか。そこを平均化する必要はないですし、番組の内容も僕らとすれば音楽の番組をどんどんやってほしいから……。もちろん、昔は考えなくてもよかったようなことも考えなきゃいけないとか、いろいろあるとは思いますが、そこは若い力で……（笑）。面白い音楽番組を、僕らも楽しみにしてます！

Close Up Interview 6

中西健夫

Takeo Nakanishi

住友さんがいて、
現場の人たちまで含めて、
ＴＶＫとはどこか一心同体みたいな
気持ちがありましたから。

80年代半ばから急成長を続け、90年代初頭にバンド・ブームを迎えた、日本のロック・シーン、ライブ・シーンにおいて住友利行と数多くの印象的なコラボレーションを実現したディスクガレージの中西さんに、その慌ただしくも輝かしい時代を振り返っていただいた。

中西健夫［株式会社ディスクガレージホールディングス　グループ代表／一般社団法人コンサートプロモーターズ協会　会長／一般社団法人 Entertainment Committee for STADIUM・ARENA（ECSA）代表理事副会長　他］

1956年生まれ。81年に株式会社ディスクガレージに入社、97年より代表取締役社長に就任。2018年に同社取締役会長就任、並びに株式会社ディスクガレージホールディングスを設立し、同グループ代表に就任。12年から一般社団法人コンサートプロモーターズ協会 会長も兼任。19年４月より、スポーツ業界と音楽業界が手を組み、理想的なスタジアム・アリーナ像の実現を目指すECSA（Entertainment Committee for STADIUM・ARENA）設立に携わり、代表理事副会長を兼任。

――TVKや住友さんとのコラボは、いつ頃どんなふうに始まったんですか。

中西　80年代のTVKには『ミュートマ』（ミュージックトマト）という番組があって、当時いろんな仕掛けしようと思っていたアーティストが全部、そこでクリップが流れてたんです。そこから……、いや同時多発かな。『パチトマ』（パチパチトマト）というイベントを年末に始めたり、『ライブトマト』でこういうことをできないか？とアイデアを持ちかけたり……。とにかくいろんな話を、同時多発的に住友さんと話していました。

――当時は〝メディアミックス〟ということがよく言われましたが、面白いメディアの1つとして中西さんのなかにTVKがインプットされていたということですか。

中西　まず「TVKすごい」というのがあって、そこに例えば音楽専門誌だったら「パチパチ」は面白いなと思っていたから、『パチトマ』をやろう、と。それで、当時「パチパチ」の編集長は吾郷（輝樹）さんですが、吾郷さん、住友さんと、本当に無駄な飲み会をよくやって、「今から売れそうなのは、こういう人たちがいるよね」「どういうブッキングにする？」みたいなことを話し合っていたんですよ。

――中西さんはコンサート・プロモーター、住友さんはテレビマン、吾郷さんは雑誌編集者ですから、そういう意味では異業種ですよね。そういう人たちが集まって意見交換するということが、当時は多くあったんですか。

中西　僕が、そういうのが好きだったんです。いろんなマネージメントの人間たちに、テレビ局の人やラジオ局の人を入れて飲んで、例えば……、ホントに例えばの話ですけど「BOØWYの次のクリップを作るなら、どんなテーマがいい？」みたいなことを勝手に話すんです。場所は、新宿のキャバクラだったりするから、キャバ嬢にも意見を求めたりして。そういう、無駄に飲む、有益な会を（笑）、毎日と言っていいくらい、やってて。

——非音楽業界人の意見がすごく核心を突いていたりするんですよね（笑）。

中西　（笑）、そうそう。それから、当時の僕は「ぴあ」の4分の1広告に命かけてたんですね。ネットがない時代だから、ライブの情報はだいたい「ぴあ」で最初に発表するんです。それは絶対面白くなきゃいけないと思って、そういう飲み会でみんなとワーワー言いながら広告のコピーやライブのタイトルを考えていました。いまだに「あれは秀逸だったね」と言われるのが、85年8月31日に日比谷野音でやったレベッカと中村あゆみのイベントのタイトル「宿題なんて忘れちゃえ」。それから、レベッカの追加公演を発表する時にマネージメントから「追加公演決定」というのは普通だから面白くないと言われたんで、「ママは、そんな急な話は許しません」というタイトルにしたりとか。そういうふうに、1つひとつのライブにこだわりを持って、タイトルやコピーを考えるっていう。

——有益な会ですよね（笑）。

中西　（笑）。そういう飲み会を「新宿コマ前に7時集合」みたいな感じでやってたんです。今考えるとバカなことをやってたなあと思うんだけど、声をかける時には誰が来るのか、何人集まるのか、決まってないんです。とにかくいろんな人に声をかける。で、集まってみると、そこにはデザイナーもいればスタイリストもいる、という感じでした。

――そこに、直接のライブ関係者だけじゃなくメディアの人やクリエイター系の人たちも集まってきていたということは、当時のロック／ポップスの周辺は面白そうな空気が漂っていたということでしょうか。

中西　そう思います。

――その空気の中に、TVKというメディアもあったわけですね。

中西　そうですね。今となっては誰の紹介だったか思い出せないし、初めて会ったのがいつ、どこだったかも憶えてないですが、住友さんと死ぬほど飲んだことだけは憶えてます（笑）。そもそも、打ち合わせということで会うんじゃないですから。「いつ飲みますか？」ということでスケジュールを合わせて、飲んでる間に思いついたアイデアをいろいろ話すんです。住友さんはとにかく優しくて、僕がどんなことを言っても、「いいね」「面白いね」って、全部受け止めてくれる感じだったですね。

――そこから、具体的な形になったものも、もちろんあるわけですよね。

中西　ディスクガレージの番組をやることになったり、TVKでドラマを作ったり、あるいはTVK発の音楽特番を全国ネットしたり。それで僕は、ラジオでも番組のプロデューサーみたいことをやるようになり、それをまたTVKと繋げようとしたり……。だから、僕がやっていたのはメディアミックスと言うよりも人間ミックスみたいなことだったような気がします。企画書に書くような硬い話ではなくて、「この人とこの人が一緒にいたら、面白いんじゃない?」みたいなことを、すごく直感的にやっていたと思います。

——さっき話に出た『パチトマ』なら、住友さんと吾郷さんが一緒にいると面白いな、と?

中西 そういうことです。

——「パチパチ」はビジュアル主体というか、デザインの色使いまで含めてビジュアルの印象が強い雑誌で読者は女性が中心でした。一方、『ミュートマ』は「中学生、高校生がクリップでビジュアルと楽曲を確認する番組」という住友さんなりのターゲットを意識した位置付けがあったわけですが、そうしたマーケティング的な意識というのは中西さんのなかにはどれくらいありましたか。

中西 しばらくして、「パチパチ・ロックンロール」が創刊するじゃないですか。そういう流れを意識していたとは思います。つまり、「もっとロック寄りにならないのかな?」という話は多分していたと思いますよ。その流れが、90年代初めのバンド・ブームにつながっていったんだと思います。

——「パチパチ」創刊号の表紙はチェッカーズでしたが、そのことに象徴されるようなテイストよりも、シーンはもっとロックに向かって行くだろうと感じていたということですか。

中西　その頃一気にアーティストの数が増えていったんですよ。「パチパチ」と言えばチェッカーズや吉川晃司、それからＴＭネットワークあたりが当時は中心でしたが、そのテイストはすごくよかったと思うんです。だけど、一気にアーティスト数が増えて、「パチパチ」というカテゴリーの中では扱えないものも出てくるわけですよね。しかも、その後にはというか、すでにインディーではビジュアル系も出てきていました。だから、その受け皿になるような雑誌が求められるようになるだろうなということは感じていたし、逆に言えばそれだけ一気にいろんなアーティストが出てきて、ＳＮＳのない時代ですから雑誌が中心だったけれども、そのたくさんのアーティストがビジュアル的にどう展開するかということはすごく混沌としていて、その意味でも面白い時代だったと思いますね。

——だからこそ、というか、混沌としていることが意識されるくらいビジュアルという要素が重要なポイントになってきていましたよね。

中西　例えばBOØWYというバンドは、美しく撮ろうと思えばとても美しく撮れるバンドだったじゃないですか。ワイルドに撮ろうと思えば、思い切りワイルドにも撮れる。そういう多面性を持ったバンドだったと思うんです。それは、簡単に言えばビジュアルがいいということになるんだけど、もっと踏み込んで言えば、自分が持っているものをどうビジュアル化していくかということに優れた人たちだったということだと思うんです。

——だから、「BOØWYの次のクリップを作るなら、どんなテーマがいい？」ということが飲み会の話題になったりもするわけですね。

中西　そうそう。クリップの時代になったから、そういうアーティストが出てきたということも言えるでしょうね。ＥＰＩＣの坂西伊作さんが一生懸命やっていた「ｅＺ」みたいにすごく作品性の高い映像がある一方で、ＴＶＫのようにライブ感をそのまま伝えるような映像もあったりして、アーティストの魅力を伝えるのが画面と雑誌の時代だったんですよ。それをひと言で言えば、ビジュアルが主体になったということになるのかもしれないですけど。

――そういう時代にあっては、ライブ・プロモーターの中西さんがいろんな展開のアイデアをＴＶプロデューサーの住友さんのところに持って行くのはすごく必然的な話ですね。

中西　画面と雑誌の時代だからこそ、リアルがみたくなるじゃないですか。ライブを体験したくなりますよね。

――中西さんとＴＶＫのコラボということで言えば、87年に横須賀新港埠頭でのレベッカ・コンサート、翌88年の横浜港ノースピアでのプリンセス・プリンセスのコンサートをいずれも『ライブトマト』が収録しています。客観的に見て当時のレベッカやプリンセス・プリンセスの人気やコンサートの規模感を考えれば、東京のキー局も喜んでやったと思いますが、キー局とやることは考えなかったんですか。

中西　ＴＶＫとしかやりたくなかったんです。だから、両方とも神奈川でやってるじゃないですか。

——なるほど！　ただ、中西さんはそういう気持ちでも、例えばマネージメントから「なんでＴＶＫなの？」みたいな声は出てこなかったですか。

中西　「なんで？」という声は一瞬だけありました。でも、基本的にみんなＴＶＫを、そして住友さんをリスペクトしていたから、違和感は全くなかったですね。

——そういうふうに考えていくと、「雑誌と画面の時代」のような認識を踏まえていたとしても、やっぱりベースは「人と人」という考え方なんですね。

中西　そうですね。住友さんがいて、現場の人たちまで含めて、ＴＶＫとはどこか一心同体みたいな気持ちがありましたから。

——シーンの歴史を振り返ると、そうした旬のバンドの大きな仕掛けから数年経って世の中はバンド・ブームになるわけですから、中西さんや住友さんの感覚は早かったですね。

中西　そうですね。ちょっと早すぎたかもしれないです（笑）。ただ、ユニコーンやジュンスカイウォーカーズが中心になってまさにブーム的な盛り上がりになった時に、ＴＶＫはもちろん彼らをしっかりやってましたけど、その前にちゃんとザ・ブルーハーツをやってましたよね。アンジーとか。すごく目線が正しいなあと思いながら、僕は見ていました。

——そのバンド・ブームから始まった90年代に、日本のロックはビジネスとしてもどんどん大きくなっていって、ロックの有り様自体が変わっていったと思うんです。

中西　その通りだと思います。

——その変化のなかで中西さんはどんなことを考え、またＴＶＫをどんなふうに眺めていたんですか。

中西　まず言っておきたいのは、Mr.Children はＴＶＫが一番最初なんですよ。「君がいた夏」はヘビーローテションになって死ぬほど流れてましたから。その上で言えることは、Mr.Children や SPITZ が出てきて明らかに音楽の質感が変わったと思うんです。そして、その2つのバンドは今も燦然と輝く存在ですよね。さらに、ＧＬＡＹと L'Arc~en~Ciel という、これまた燦然と輝く存在が現れて、その売れ方というのはもう広く大衆にまで及ぶわけです。そうなると、ＴＶＫという局では、あるいはＴＶＫと僕らコンサート・プロモーターが雑誌と組んでやるような体制では追いきれなくなってくるんです。それよりもキー局のドラマのタイアップみたいな、文字通りメジャーな世界観で展開していく。それは、そういう世界観に相応しい音楽性を持ったバンドが登場してきたということの証でもあるわけで、そういう意味ではバンド・シーンが進化していってるということですが。

——そうしたメジャーな展開を志向する流れをＴＶＫ目線で見た時に、「東京のキー局に対するカウンターとしての独立局」というアイデンティティでやってきた局として居場所を定めるのは難しくなっているということは言えませんか。

中西　確かに、それは言えると思います。それに、90年代に入ると世の中の状況として番組にスポンサーをつけるのが難しくなってきたということもあるだろうし……。僕は思うんですけど、売れてからよりも売れる前のほうが、ＴＶＫは撮るのが上手いんですよね（笑）。例えば『ライブ・トマト』にはバンドだけじゃなくて久保田利伸のようなソロ・アーティストもたくさん出てましたけど、久保田が『ライブ・トマト』で歌った「Missing」の映像というのはもう絶品ですよ。僕の個人的な永久保存版の１つです。80年代の映像だから元はＶＨＳだったのをＤＶＤに焼いて保存してあるんですけど、久保田が上り調子で来てるタイミングと愛あるカメラワークが合致して本当に素晴らしいんですよ。そういう映像を撮れたのがＴＶＫだと思うんです。でも90年代に入っていろんな状況が重なって、そういうエネルギーの高いものが生まれにくくなったということはあるでしょうね。

――コロナ禍にあって、これからのことを予想するのはとても難しいタイミングなので恐縮ですが、ライブ・シーンの今後ということについてはどんなふうにお考えですか。

中西　僕自身は、ライブと言われるものの８割は形態としては元に戻るべきだと思っていますが、残りの２割についてはこのコロナ禍で起こったいろんな問題、例えばデジタル化が遅れているということや急に配信ライブが増えたということなどを踏まえると、これまでとは違う、あるいはこれまで以上のハイブリッド型ライブを展開していくことになると思うんです。収益をどう上げていくかということが一番大きな問題で、今のようにキャパの半分しかお客さんを入れられないとなると、採算が取れないじゃないですか。それに、人の気持ちが元にはなかなか戻らないですよね。

――そういう状況にあっては、ここまでの話でメディアミックスということがあり、一方で人と人の繋がりが大事という話もありましたが、その両方ともを取り込んだ総力戦で立ち向かうしかないですよね。

中西　そう思います。

――そのなかで、TVKという局にはどんなことを期待しますか。

中西　ここまでを振り返った時に、音楽を取り巻く状況が厳しくなった時期にいろんなことをやってきて、要はやれることは全部やって、そのなかで何かすごく当たったものがあったかというとないね、っていう。その原因を考えると、多分その時点で考えられることのなかで考えているから当たらないんですよ。今考えられないことを考える人が出てこないとダメなんだろうなというのが1つ。それから、メディアとしてのテレビというものを考えた時に、若者があまり見なくなったという現実があるわけですよね。そういう状況のなかでどこにフォーカスしていくのかというマーケティングの問題。これも大きなテーマでしょうね。

――今、TVKと何かコラボするとすれば、どんな仕掛けを考えますか。

中西　今、年齢によって見るものが全く違うから、国民的大ヒット曲が生まれにくい環境になっていますよね。

――だから、例えば「紅白歌合戦」も中身は細切れになってしまっています。

中西　でも、こういう世の中だからこそ逆に1つにまとめたような番組ができないかなあって。そんなことは、ちょっと考えます。こういう世の中になってしまったんだから、ちょっと違うものを考えてみない？っていう。それは、音楽番組なのかさえもわからないですけど。敢えて言えば「音楽がある番組」という感じかもしれないですね。

Close Up Interview 7

宮田和弥

Kazuya Miyata

まだ出来上がっていないところから一緒に作っていくという感覚を僕らはとても大切にしていたんです。
そういう僕らのスタイルにＴＶＫはカチャッとはまった感じがありましたね。

バンド・ブームの中心的存在としてシーンを駆け抜けたジュンスカイウォーカーズのフロントマン、宮田和弥は、1人のロック・ファンとしてＴＶＫに出会い、デビュー後は溌剌としたそのライブ・パフォーマンスをしばしばＴＶＫの番組を通じてロック・ファンに届けてきた。そうして30年以上のキャリアを重ねてきた今、ＴＶＫとの日々に何を思い、またこれからのＴＶＫに何を期待するのか。

宮田和弥

1988年デビュー、JUN SKY WALKER (S) のボーカリスト。97年に解散後、ソロ活動を経て、Jet-KiのVocal宮田JETとして2009年7月まで活動。2008年にデビュー20周年を迎えるJUN SKY WALKER (S) を復活。13年J (S) W 25th ～ Anniversary ～全国TOURを開催。14年これまでに3枚のソロアルバムを発表した宮田和弥4年振りのNew Album「Naughty」発売。宮田和弥ソロバンドスタイルでNaughtyTOURを開催。2019年シリーズ5作品目となる「CHAPTER5」発表。

――宮田さんは出身が東京ですが、デビュー前にTVKというテレビチャンネルの存在は知っていましたか。

宮田　実家が町田なんですけど、ウチはTVKが入ったんですよ。だから、僕は『ファイティング80's』っ子と言いますか、あの番組をずっと見ていてRCサクセションやめんたいロック、その他にもいろんなバンドのことを映像としてインプットしていったんです。佐野元春さんはまさに、TVKで知って好きになったんですよね。それに、当時キー局にも音楽番組はありましたけど、TVKみたいな撮り方の番組はなかったんですよ。ライブの感じで、しかも曲をフル尺で流してましたから。まさに、ロック音楽番組の先駆けといか……、まあ、『ファイティング〜』の話をするとキリがないんですけど（笑）、本当によく見てました。

――その頃、実際のライブは体験していたんですか。

宮田　新宿ロフトでARBやルースターズ、ロッカーズ、それにアナーキーとか見たり、RCを日比谷の野音に見に行ったりしてましたよ。

――そうした生のライブの感覚を、さっき「映像としていろんなバンドをインプットしていった」と言われましたが、テレビで味わわせてくれる番組という印象だったわけですね。

宮田　そうですね。しかも『ファイティング〜』はスタンディングでしたから、椅子席のあるホールとは違う感じだし、かと言ってライブハウスほど狭くはないという空間で、まさに自分がライブを見に行った感じを投影できる番組でした。

――ジュンスカイウォーカーズとしてデビューしたのが1988年ですが、その当時の宮田さんはテレビに出るということについてはどんなふうに思っていましたか。

宮田　僕らは、テレビに出るのはカッコ悪いと思ってましたよね。だから、当時の僕はテレビに出るのがあまり好きじゃなかったけど、TVKは別だったんです。TVKの場合は、テレビに出るという感覚ではなくて、ライブのイベントに出るような感じというか……。TVKだと、テレビ用に曲を短くしたりしなくていいですからね。ミュージシャンにしてみれば、歌詞を削ったりギター・ソロをカットしたり、そういうふうに作品をいじらなきゃいけないというのはすごく心外というか、それもこれも全部含め1つの作品ですからね。でも、TVKはそんなことしなくて良かったし、その上に何曲もやらせてくれるから。

――普段の活動のままでていけるテレビだったわけですね。

宮田　そうそう！　その精神というのは僕らがデビューしたトイズ・ファクトリーというレコード会社も同じで、僕たちジュンスカイウォーカーズが第一弾アーティストなんですよね。稲葉（貢一トイズファクトリー代表取締役社長）さんが、「君たちのために、インディーズの匂いのするレコード会社を作りたい。ぜひ協力して、一緒に「レコード会社を立ち上げてくれないか」と言ってくれて、それでトイズファクトリーからデビューしたんだし、その前に門池（三則バッドミュージック代表取締役）さんがジュンスカのためにバッドミュージックを作り、というふうにまだ出来上がっていないところから一緒に作っていくという感覚を僕らはとても大切にしていたんです。そういう僕らのスタイルにＴＶＫはカチャッとはまった感じがありましたね。それも、僕らがＴＶＫは別物と感じていた大きな理由だと思います。

——トイズファクトリーという社名は直訳するとおもちゃ工場という意味ですが、そういう社名にしてしまう感覚がＴＶＫとも通じ合っていたということですね。

宮田　まさに、そうだと思います。そういう遊び心というか、遊びながら壊して、新しいものを作って、という感覚があったと思いますね。

——その「遊び心」と一緒にしてしまうと良くないかもしれませんが、宮田さんはＴＶＫでもやんちゃなことをやってしまった逸話を残していますよね。

宮田　はいはい（笑）。あれは年越しライブの時に、インタビューで平山雄一さんがいろいろ変な質問をしてきて、僕も当時はトンガってたから、その後すっぽんぽんになって平山さんが話してるテーブルの前を走り抜けたんですよ。そしたら、住友さんから「和弥、いい加減にしろ！」みたいな（笑）。

——やっぱり、お叱りの言葉はあったんですか。

宮田　一応、ありましたよ。ただ、住友さんとはその後もいろいろお話させていただいて、憶えてるのが、横浜の野毛に、当時ＴＶＫの人がよく行くという寿司屋があって、そこで番組のロケをやったんですけど、僕もそこの寿司が気に入って、ある時にジュンスカの小林たちと行ったら、たまたま住友さんも来てたんですよ。それで、僕らが帰ろうと思ったら、住友さんが会計を済ましてくれてたっていうことがありましたよ。

――TVプロデューサーっぽいですね（笑）。

宮田 （笑）。だから、平山さんの話も今から思えば僕の若気の至りというか……、バカなことをやっちゃってたなあと思いますけど。

――ただ、TVKの現場のスタッフたちはそういう部分も含めて、宮田さんに強いシンパシーを感じていたようですね。

宮田 それこそ木内くんなんて、「一緒に番組を作ったなあ」という感じが強いですよね。彼の結婚式にも出席させてもらったし……。さっき話した野毛の寿司屋のロケもそうですけど、宇崎さんとうじきさんが〝ファイティング道場〟でやってたようなことを自分たちもやってみたいと言って、だから僕らもアイデア出しをして、それを実際にやることになったことがいくつもあるんですよ。言ってみれば、自分たちでハンドルを握れるというか、その感じが僕らにはすごく良かったですね。もちろん、スタッフの皆さんはすごく大変だったと思うんですけど。

――『ミュージック・クリーク』では司会を担当していましたが、それは宮田さんのなかではどういう経験でしたか。

宮田　なにしろいろんなゲストが来ますからね。よくしゃべってくれる人もいれば、全くしゃべらない人もいたし……。清志郎さんも来てくれたし、THE MODSの森山さんも来てくれたりして、そういう僕が憧れていた大先輩が来てくれると、ガチガチに緊張したし。その一方で、僕より年下のゲストだと、かつての僕のようにちょっと斜めに構えてるようなヤツもいるわけですよ。そういうヤツからどう話を引き出すかということも考えなきゃいけなかったし。例えば、本番前に楽屋で空気感を温めておこうかとか。それは、僕が平山さんにやったことと同じようなことが、立場が変われば僕に向けられたりもするわけですよね。そういう意味では、僕にとっては修行というかすごく勉強になったし、人の気持ちを思いやるとか、そういう人間的な成長を促してもらったという感じはしますね。僕らは22歳でデビューして、いきなりドカーンと売れたから、ある意味では天狗になってるところもあったんですよ。そういう部分も、ＴＶＫのなかで気づかせてもらったというところが確かにあるし。だから、感謝しかないですよ。

——時間はちょっと前後しますが、ＴＶＫの開局20周年イベント『ＲＣサクセションの子供達〜夜の散歩をしないかね〜』に宮田さんも出演されています。そこで宮田さんは「つ・き・あ・い・た・い」と「ラプソディー」を歌ったわけですが、そのイベントのことは憶えていますか。

宮田　あれは、すごく憶えています。僕はトップバッターだったんですけど、トップバッターで出るからにはやっぱり忌野清志郎の格好をしなきゃダメだろっていう。僕のお祭りごころに火がついてしまい（笑）、だから清志郎さんのメイクと清志郎さんの格好でバキバキに決めて出て、しかも一発目はやっぱり「つ・き・あ・い・た・い」だなと思って。もう1曲は「スローバラード」か「エンジェル」か「ラプソディー」か……。シブいところで「指輪をはめたい」もいいなとか、いろいろ考えたんですけど、結局「ラプソディー」にしたのは、まさに僕がいつもＴＶＫを見ていた時期ですけど、高校を停学になって1ヶ月学校に行けなかったことがあって、その時に「ラプソディー」にすごく勇気づけられたんですよね。それで、その2曲にしたんですよ。あのライブは今でも本当にすごく印象に残っています。

――そのライブから約30年経ったわけですが、その間に宮田さんもキャリアを重ねて、今ではバンド編成はもちろんだけど、弾き語りのライブもやったりしますよね。そういう変化というか広がりを宮田さん自身はどんなふうに感じていますか。

宮田　僕は、自分の音楽人生を考えた時に、今が一番充実してるというか、一番いいなと思ってるんです。バンド・ブームでバーンと売れて、あれはあれで素晴らしい体験でしたけれども、でもあの頃は音楽というよりもステージで暴れまわって歌うのが楽しい、カッコいいという感覚が強かったと思うんですよ。そこからバンドの解散があったり、他のバンドをやったり、あるいはいろんなアーティストと一緒にやったりするなかで、ミュージシャンとして、1人ででも表現できることをやっぱり身につけてないといけないなと思ったんですよね。それで、30代に入ってからギターを練習し始め、40代に入って弾き語りをやるようになったんですけど、その頃にまたジュンスカも復活して、バンドと弾き語りを並行してやっていく形になりました。その状態がすごく充実して感じられるというか、歌を生業として生きていくということがすごく幸せに感じられるようになってきたんです。だから、ジュンスカでデビューしてワーッとやっていた頃よりも今のほうがミュージシャンとして生きてる感じがして、すごくいいんですよね。

——そういうキャリアの重ね方をしてきた宮田さんから見て、これからのTVKに期待すること、「こんな番組を見たいな」というような何かイメージがあれば聞かせてください。

宮田　僕ら世代の人たちがまた喜べる番組を作ってほしいなと思いますよね。僕は今年の2月で55歳になったんですけど、僕よりも10歳くらい下からミック・ジャガーの世代くらいまでのミュージシャンが出てきて、そういう人たちをずっと応援してきた人たちが楽しめるようなロック音楽番組と言えばいいでしょうか。それの司会だったら、僕は喜んでやりますよ（笑）。

——（笑）。今だったらCHABOさんや森山さんがゲストで来ても、緊張せずにやれそうですか。

宮田　それは大丈夫だと思うし、そういう人たちが今も現役でやってて、どういうことを考えているのかというのを僕も知りたいし。そういう人たちと一緒に歌を演奏して、お話を聞くっていう。そういう番組、やりたいなあ（笑）。それはともかくとして、若くて新しいアーティストは出ないっていう、そういう極端な番組をＴＶＫだったら、やっても面白いんじゃないかなあ。それに、ＴＶＫはアーカイブがたくさんあるじゃないですか。それも見ながら、いろんな話をするっていう。若い時にはこう思ってたけど、今はどう考えているのか、と。キャリアを重ねてくると、家族のことやお金のこと、自分の老いとか、いろんなことが問題になってくると思うんだけど、そこに対してどういうふうに生きているかということを聞けたら、そしてそういうことを考えている今の演奏を聴くことができたら、僕らはすごく勇気が沸くと思うんですよ。しかも、それがラジオじゃなくてテレビで、音だけじゃなくて映像まで含めて届けてもらえたら、すごくリアルな感覚として励まされると思うんですよね。そういう番組を、ＴＶＫだからこそ見たいなと思いますね。

第5章

バトンをつなぐ

開局18年目の東京進出

開局20周年を目前に控えた1990年、TVKは番組編成上の大きな方針変更、シフト変更を行った。

TVKの独自性の、1つの象徴と言ってもよかった試合終了まで必ず続ける野球の完全中継をやめて一定の時間で切り上げることにし、それまではほぼ教育放送だけだった朝の時間帯でもTVKらしさをアピールできるような番組作りに取り組んだ。そして、深夜に放送してきたロック/ポップス系の音楽番組をより広い視聴者層が馴染みやすい時間帯に切り替えた。これが変更の3本柱で、当時の編成局長は「TVK-ISM」という言葉を使って説明している。そこでの「ISM」は、もちろん主義という意味もあるが、INFORMATION、SPORTS、MUSICの頭文字を並べて、「TVKは情報、スポーツ、音楽を中心に編成を考えていきます」という宣言でもあった。住友の立場から言えば、開局当時は決して編成上の中心とは考えられていなかった音楽が、ここに至って編成の柱の1つと目されるようになったのはやはり喜ばしいことであり、さらに重要なのは「音楽は大事」という意識が上層部から示されたお題目ということにとどまらず、局内で確かに共有されていると感じられたことだ。その意味では、開局時よりも音楽番組制作がかなり進めやすくなったのは間違いのないことだった。

　そして、この年にはもう1つ、開局から積み重ねてきたものが新しい局面に入ったことを感じさせる出来事があった。放送開始から12年目を迎えた『ファンキー・トマト』を、東京・銀座のソニービル[※1]から中継することになったのだ。横浜の局というアイデンティティを掲げてやってきたＴＶＫが、言わば東京進出を果たすことになったわけだ。

「それを仕掛けたのは、営業の宇井さんです。ＴＶＫが首都圏のテレビ局として出ていくということと、宇井さんが担当していたソニーがソニービルの活性化を目論んでいたということが結びついたということなんだけど。ＴＶＫからすれば、まさに東京に乗り込んでいくという感じがあったから、それはやっぱりデカいことですよ。僕たち制作の立場の話をすると、ソニービルのスペースはそれほど広くなかったから、それまでＴＶＫのスタジオでやっていたのと比べると、制作的にはだいぶしんどくなったというのも事実です。こじんまりとせざるを得ないところが少なくなかったんだけど、それにしても東京の銀座から発信するということの面白さはすごく感じていたし、その結果としてこれまでとは違う『ファンキー・トマト』が生まれるのだろうという期待がありました。技術的な話をすれば、わざわざ帝国ホテルにＦＰＵ（無線中継伝送装置）を建てて、そこに銀座のソニービルから電波を飛ばし、それをさらに鶴見に飛ばして、ということをやったんです。それは間違いなく画期的なことで、画期的なことをやるということはやっぱり僕らは気持ちを刺激さ

※1　ソニービル
ソニーが自社のショールームとして建築し、１９６６年４月オープンした。『ファンキー・トマト』の中継に使われたのは最上階のスタジオSOMIDO。ビル自体は、２０１７年３月をもって営業を終了し、建物は解体された。その敷地は、21年9月まで「銀座ソニーパーク」という名称でイベントスペースとして利用され、その後25年完成予定で新ビルが建設される。

れますよね。ただ、技術の人間のなかには「なんで、そんな大変なことをやるんだ」みたいなことを言う人もいたと思うんです。それでもやり遂げた宇井さんのなかには、相当強い気持ちがあったと思いますね」

宇井に話を聞くと、彼はもちろん「自分が仕切った」などとは言わない。「ソニーさんから、そういうお話をいただいたんですよ。なんとかならないかって」と、言うばかりだ。帝国ホテルの屋上にFPUを建てるということまでやるのは月並みな気持ちではやれないのではないか？と食い下がれば、「ちょっと面白いことがあってね」といった調子で、その帝国ホテルにまつわる経緯を聞かせてくれた。

「ラジオ関東出身のある先輩が、当時の帝国ホテルの社長と面識があったんです。で、僕はその先輩について行って屋上を貸してくださいってお願いしたんです。そしたら、貸してくれたんですよ（笑）。すごい話だよね」

確かにすごい話だ。「隣の軒を借りるんじゃないんだから」とツッコミを入れたくなるが、実際こんなふうにポンポンと話が進んだのかもしれない。それはともかく、宇井が強調するのは、そういう過程をたどりながらも実現にたどり着けるほどには、TVKという局がソニーから認められていたということである。

「例えば、帝国ホテルにアンテナを建てないといけないんですよとか、そういう話をしながらやれる、ソニーとの関係があったということですよ。ソニーも、メディアとしてのT

© SEITARO KURODA

『ファンキー・トマト』の番組ロゴ。デザインは黒田征太郎氏が手掛けている

『SONY MUSIC TV』の番組ロゴ

ＶＫを認めてくれていたから、面白いことがやれるんじゃないかと思ってくれたんだと思いいます。要は『SONY MUSIC TV』の評判が良かったから、それで非常に信頼してくれたんですよ。そこから、いろいろつながっていったんですよね。そのファントマの話もシンプルに〝SOMIDOをうまく活用する方法はないかな？〟という相談から始まったと思います。こちらから仕掛けた話というのはほとんどないですよ、自分のなかでは。相手が〝なんとかならないか？〟と言うから、〝じゃあ、こういうのはどうですか？〟ということしか記憶にない。その話に限らず、こっちで練りに練って、いい企画がありますよと言って売り込んだことはあまりなかったし、そういうものはちっとも売れなかった（笑）。今にして考えると、独りよがりなんですよね。スポンサーのニーズがあって、それをどう膨らませてウチとマッチングさせるかというところから形になったものはあるけど……」

「ウチとマッチングさせる」ということを考える時、おそらくはＴＶＫの個性や「らしさ」のようなものが宇井のなかで意識されたはずだが、宇井が考えるＴＶＫの個性、ＴＶＫらしさとはどういうものだったのだろうか。

「どうだろう？思い出せないけど、ウチの局が持ってるものとか立場とか、そういうのは染みついてるから、話が来たら自然に〝こういう展開をしたら、ウケるな〟と思ったんだと思いますよ。そんな気がするけど。いろんな売り買いをするなかで、そういうものが身についていって、理論なくやっていたような気がする。ＴＶＫと仕事すると、ワクワクして面白いなと思ってもらえればいい、というか」

合気道みたいだな、と思う。もちろん、仕事は相手を打ち負かすことが目的ではないし、むしろ相手と融和してより強くなることが望まれるから、宇井が言うような「受けて、さばく」といった振る舞いがちょうどいいのかもしれないが、それにしても自分の側から仕掛けるのが効果的な局面もあるような気がする。例えば、相手と1対1で向き合うというのではなくて、第三者と競い合って、相手の気持ちをこちらに向けさせるといったケースだ。現実的な話をすれば、1つの案件について競合他社がいる場合、と言えばいいか。

そんな話をすると、宇井は半ば呆れたように、珍しくはっきりと答えた。

「競合する相手なんて、そんなのないですよ！ SOMIDOだってないでしょ。『SONY MUSIC TV』だっていないし、Jリーグをやっていた時だってそうです。競合がいないところでやれたんですよ、音楽番組にしても。リレーナイターだって、そう。例えばTVKの35年史を読むと、あたかも、みんなでよく練ってぶつけて、みたいに書いてあるかもしれないけど、本当は虚を衝いていったんですよ。テレビを使ったマーケティングにはなかったところで、虚を衝くということをやったんだと思います」

通常のマーケティングにはないところで、虚を衝く。つまりは、住友とはフィールドが違うけれど、営業というフィールドで宇井もまた同じ闘いを続けてきたということだろう。

世界から、音楽を志す若者たちがTVKに集う

『ファンキー・トマト』東京進出の前年、1989年には11月に横浜アリーナで『ワールドカレッジ・ポップ・フェスティバル』というイベントが開催され、それに向けて『ONE』[※1]という30分番組が同年4月からスタートした。欧米はもとより、アジア、アフリカも含めた世界のアマチュア・バンド、大学生バンドを紹介する番組で、総合プロデューサーは宇崎竜童とテレビ朝日系で『ニュースステーション』などを手がけた構成作家の関秀章。89年の第1回のイベントの特別ゲストには佐野元春を迎えた。翌90年の第2回からは会場を代々木国立体育館に移して特別ゲストにはバービーボーイズを迎え、さらに91年の第3回にはHOUND DOGが、また92年の第4回には谷村有美が登場。住友商事をはじめとする住友グループが全面的にスポンサードした大がかりな企画を見事に成功させた。しかし、そのゲストのブッキングなどを手がけた住友にはあまり強い印象は残っていないと言う。彼にしてみれば、営業セクションからの要請に応えて、ここまでに貯め込んだ持ち札のなかからカードを切り出したような感覚があるだけだった。いくら結果が華々しくても、そもそもの成り立ちに気持ちを刺激するところがなければ住友のなかで何か印象が刻まれるということはないようだ。

※1 『ONE』 1989年4月スタート。深夜0時からの30分番組。司会は、関秀章と大野美樹。

「うまくいくかどうかわからなくても、新しいものに向かうことのほうが燃えるし、その結果も強く記憶されるんでしょうね。自分が能動的になっているかどうか、ということが僕には大事なんだと思います」

ただ、このプロジェクトもやはりTVKらしいと思えるのは、例えばオーディションの形にして出演した学生バンドをメジャー・デビューに誘導するようなことはせず、『地球学園祭』というサブタイトルの通り、大学の学園祭のように音楽を媒介にして世界中の若者が集い、交流を深めるというところからフォーカスがブレることはなかった。

「小さいことをたくさんやったほうが力になるんだ」という精神で考える

前章の最後に紹介した開局20周年記念企画をやり終えて迎えた1993年は、局としても「次の時代」が意識されていたのだろうか。また『35年史』の「営業状況」の項をたどると、92年には「バブル経済の崩壊による不況が本格化し、先行き不透明なままに推移した」と記され、さらに93年は「バブル経済の崩壊に伴う不況がさらに長期化し、景気回復の見通しがつかないまま推移した」とされたような世の中の状況に対応するという意味合いもあっただろう。いくつかの番組が模様替えを行い、例えば『ファンキー・トマト』に代わって洋楽ヒットチャートをもとに構成する番組『クラブＣＨＲ』がスタートし、『別冊ミュートマJAPAN』のような内容の番組が『ミュージック・クリーク』という名前で新たに始まった。さらにはＴＶＫの番組の一種のアイコンとも言えた「トマト」は「yorimashi」というロゴに切り替えられた。それは、米米ＣＬＵＢのカールスモーキー石井が音楽番組のＩＤとして作ったもので、「yorimashi」というのは「神霊がよりつく人間」という意味だそうである。

「いろんな流れにひと区切りがついて、ここでまたリスタートというか……」と、住友は当時の気持ちを振り返る。

「ちょっと形を変えて、気持ちを引き締めてもう一度やり直そうかという時期だったのかもしれない。『ライブトマト』は『LIVE y』というタイトルになりました。メイン・スポンサーの東芝が降りてしまったので番組名を変えねばならず、〝ライブ横浜〟という意味で『LIVE y』に変えたんですが、そこで東芝の代わりにまた大きなスポンサーが付いたかと言えば、そうはならなかったから、番組を続けるためには別の方法を考えないといけない。どうしたかと言うと、スペースシャワー[※1]との共同制作という形を採ることにしたんです。ただ、その頃はどちらかと言うと、攻めて前に出ていくと言うよりは今ある状況をなんとか維持していくということを考えていたと思います。そういうのは、なかなか燃える感じにはなりにくいんだけれど……」

※1　スペースシャワーとの共同制作という形を採ることにした
P320「Close Up Interview 8 近藤正司」を参照。

『ライブトマト』に出演する米米CLUBのステージの様子。88年2月18日放送分

「もう一度やり直そうかという時期だったのかも」と言いながら、そこで何か目標を設定したり、目指すべき方向がはっきりとあったというわけではない。リフレッシュして次に備えるという意味での充電期間みたいな感じが強かったかもしれないと、住友は言う。

『ファイティング80's』が終わったのは、第2章でも書いた通り、営業的な理由が大きかったが、同時に「ここは潮時だな」という住友の肌感覚による判断もあった。逆に、ここだ！と思って『ライブトマト』を始めようとすると、大手企業がスポンサーについたりして、一気に波に乗っていく。つまり、タイミングが来たらやればいいし、やるべきタイミングではない時にやってもしょうがないという感覚が住友のなかには確かにあって、だからこの時期もそのタイミングを探るべく「風」を読んでいたわけだが、その感触がどうも良くなかったようだ。

「その頃の時代の空気と言うか、そういうものがちょっと緩んでいたと言うか、見えない感じになっていて、こちらに風が吹いてきても受け止められる状態にはないかなという気がしていたんです。逆風を感じていたとか風向きがよくないとか、そういうことではないんですよ。吹いている風の具合がなんだか生暖かくて、ちょっと淀んでいる感じだったから、そういう時期にはちゃんと空気を感じようとしないとわからないなという気がしたんですよね。だから、鳥になったつもりでちょっと上から周りを見渡してみたり、匂いを嗅いでみたりしてみようという時期だったように思います」

テレビ局としてのTVKを取り巻く当時の環境に目を向けると、89年のBSアナログ放送に続いて、92年4月からCSアナログ放送がスタート。TVKの音楽番組の模様替えが行われた93年の12月には郵政省（当時）が「ケーブルテレビ（CATV）の発展に向けての施策」を発表し、その名の通り、CATVの普及を後押しした。これを受けて、95年には東芝、伊藤忠、タイム・ワーナー、USウエストの4社によるCATV運営会社、タイタス・コミュニケーションズが設立され、またアメリカ最大のCATV運営会社TCIと住友商事によるCATV局、ジュピターテレコム（J:COM）が誕生した。TVKも、こうした流れに乗って、この年95年から全国のCATV16局への番組配信を始めた。

「CATVへの配信にどれほどの影響力があったかということを把握できていないんだけれど、CS放送にスペースシャワーやVIEWSIC（現MUSIC ON! TV）といった音楽チャンネルができたのと同じように、僕らの番組がほぼ全国で見てもらえるような状況になったことはすごく嬉しいことだったし、より面白い時代になっていくなとは思っていました。しかし音楽番組、特にPVを使っている番組は、それまではレコードのプロモーションということで無料で使用できていたんだけれども、有料放送ということになると使用料が発生してくるなど著作権の問題がいろいろあって、音楽番組の配信はほぼ実現しなかったと記憶しています。実際に全国で通用するコンテンツとなると音楽とスポーツしかないわけですが、CATVへの配信には様々なハードルがありました」

住友は、当時の状況をこう解説するが、ここで思い出されるのが『ファイティング80's』終了時のインタビューでの発言だ。
「これからは、他の局でも、番組を番組としてだけ作るっていうやり方じゃダメだと思う。（中略）CATVに番組のビデオソフトを供給していって、そこでも収益にしていくと言ったような。ビデオに対する多岐多用にわたってくるこれからのニーズ、需要っていうものの、状況もみきわめたところで番組を成り立たせなきゃいけないしね。もっともっと新しいメディアを利用していって、ものの考え方を変えていかないと次に番組ができたときに同じ運命におちいるんじゃないかと思う」（「浜っ子」83年4月号、原文ママ）
番組配信の収益化を予見しているようにも受け取れるが、住友の気持ちとしては「収益化を進めよう」ということより、「そういうことでも考えないと、ロック番組は作れないぞ」ということのほうに重心を置いた発言だったようだ。ケーブルテレビへの番組配信を始めた95年時点ですでにWOWOWなどの有料チャンネルの放送もスタートしていたが、そうしたチャンネルに対する住友の第一印象は「お金を払ってまで見ようという人がどれだけいるのかな?」ということだったと言う。『ファイティング80's』終了の際の苦い経験を踏まえ、「番組を作り、それに値段をつけて売る」という形に気持ちが向かうことはなかったのだろうか。
「考え方としてはもちろんありましたが、どういう方法がいいかということについては、自分のなかでは答えをなかなか見つけられなかったというのが本当のところです。例えばWOWOWでも、音楽は映画、スポーツと並んで柱になっているけれど、そこで放送されている番組を見ても思うのはある程度の名前の大きさというか、そういうものが必要なんだろうなということですね。まだ無名のアーティストをコツコツ紹介していくというようなことではなくて、誰でも知っているようなアーティストを、ドカーンと量で出していくという傾向があると思う。でも、それはTVKのやることではないと思うんですよ」

ライブ・イベントにお金を出す企業の幹部には、例えば横浜なら「横浜アリーナでバーンとやればいいじゃないか」というような考え方をする人間が多い。が、横浜アリーナでコンサートをやって一晩で集められるのは最大1万7000人である。それよりも、例えば1000人のキャパシティのライブハウスで2週間やったほうがインパクトは大きい、というのが住友の考え方だ。

「そのほうが、お客さんもライブを近くで体験できるわけだし。昔、「大きいことはいいことだ」なんていうCMがあったけれど（笑）、そうじゃなくて小さいことをたくさんやったほうが力になるんだというのが昔からずっと思っていたことです。〝他の局とは違うんだ〟という意識でずっとやってきたわけだけど、具体的にはそういう精神の持ち方で物事を考えるということだと思いますね」

現在の住友は、そうした精神の持ち方をさらに発展させて、特化という言葉をキーワードに、ＴＶＫのようなインディペンデント・メディアの進むべき方向を考えている。

「今こそ、それぞれの分野において特化することが大切だと思うし、特化することへの積み重ねを進めるべきだと思うんです。それは昔からそうだったという気持ちがまずあるんですが、今こそ特化することで外に対して目立っていく、話題になっていくということが、必要なんじゃないかと強く思います。そのためには、音楽のなかではロックならロックに特化してやっていくのがいいんじゃないかなと思うし、そこからいろんな新しい広がりが見えてくるんじゃないかな。最初から大きく風呂敷を広げて始めると、そこから何かに収斂していくということはなかなか難しくて、経営の立場にある人やスポンサーの人はそういうことをあまり許してくれないでしょ。それよりも、何かに特化したところから始めて、広げられるだけ広げていくというほうが方法としてはいいような気がします。例えばＴＶＫがライブハウスを持って、そこにはちゃんと中継システムがあって、そこで収録したものを放送していくんだけど、そのライブは有料でその収益を得るという。そういう場所を震源地にして広げていくというようなことは、今だからこそ面白いと思うんですよね」

　確かに、住友は昔からそうだった。特化とは、言い換えるとえこひいきということだ。これだと思い定めたものをえこひいきしていくことから新しいものが生まれてくるということを何度も経験し、あるいは実現して、現在の住友がある。

「それに、そういう形にしたほうが、物事が見えやすくなると思うんです。あれもこれも、とやっていくとわけがわからなくなるでしょ。「何か1つに特化して、商売になるの？」と言われるかもしれない。確かに、最初はきつい場合があると思います。でも、それをなんとかしのいでやっていくと、特化したほうが商売になるという方程式があるような気がするんですよね」

1997年にスタートして大ブレイクを果たした朝の番組『saku saku モーニングコール』が好例だろう。『saku saku』はひと言で言えば「中高生向けのモーニング・ワイド」と言えるだろうが、そこからイメージを膨らませていこうとすると扱う話題も構成も散漫になってしまう危険もあったはずだ。そこで、TVKなのだからミュージシャンをパーソナリティに起用して音楽という切り口から「中高生向けのモーニング・ワイド」を作る、と決めてしまうことによって、いい意味で物事が単純化され、視界がクリアになったのだ。

「例えばフジテレビだったらエンターテイメントを軸にした『めざましテレビ』という番組をやっているわけだけど、それはやっぱりより広い層を意識した、一般的な意味でのエンターテイメントを取り扱うわけだよね。でも、TVKは音楽から入っていくんだ、と。ただ、そこではロックだけじゃなくてポップスまで含めて、学校へ行く前の時間を気持ちよく過ごせるものにする、という考え方だったんですよ」

ユースケ・サンタマリアと
フリップ・フラップ

PUFFY

木村カエラ

Say a Little Prayer

独自の審美眼で話題となるパーソナリティを
起用した『saku saku』

宇崎竜童との再タッグ――音楽を通じて各界スターの素顔を引き出す

新世紀が目前に迫った99年には『ABOUT30/50』[※1]という番組をスタートさせた。これは、その名の通り30代から50代をターゲットにトークと音楽で構成する番組で、宇崎竜童と尾崎亜美がパーソナリティーを務めた。

「宇崎さんと話していて、力の抜けた、ゆったりとした番組をやりたいですよねと伝えたら、宇崎さんは、遺言状を書くつもりで番組に参加したい、と言ってくれて、それで実現したんです。だから、宇崎さんの人脈からいろんなゲストに来てもらったし……。番組が始まる前のゼロ回として2週やったんですが、その時のゲストは高倉健さん。健さんは普通の出演交渉ではダメだろうということで、宇崎さんが手紙を書いて出演をお願いして、それで出ていただけることになったんです。僕らは大泉撮影所まで出かけて行ってインタビューを収録させてもらいましたが、その時はもちろん健さんが歌うということはなかったです（笑）。その後も、小林稔侍さんとか風間杜夫さんとか、俳優が多かったけど、亜美さんの人脈からも福山雅治とか関取衆とか来てもらって、ゲストは本当に多彩なラインナップになりました」

出演者の多彩さ以上に、この番組がこれまで住友が手がけてきたものと趣を異にするのは、これまでの番組がまず音楽を伝えることが真ん中にあって、それを立体的に伝えるた

※1 『ABOUT30/50』
99年5月スタート。毎週日曜日・午後10時30分からの30分番組。

『about30/50』の収録写真。ゲストは福山雅治

めにその音楽の作り手の人となりにもスポットを当てるという成り立ちだったのに対して、この番組ではゲストの他では見せない素顔を引き出すための触媒として音楽が機能する形になっていたことだ。

「まず、なんと言ってもパーソナリティーが宇崎さんと亜美さんだから、出る側も身構えることなく出てきてくれてすごくリラックスした内容の話をしてくれるから普段とは違う顔をそこで見られるんだけれども、それに加えてゲストの人が大事にしている曲を最初に披露してもらうから、音楽を媒体にしてゲストの人の思いが番組の中に表れるという、すごくゆったりとした番組になったと思ってるんです。いくら本業ではないとは言っても、そうした有名俳優の方たちに歌ってもらうとなれば、普通はちゃんとしたバンドを用意しないといけないと思うんです。だけど、この番組では宇崎さんのギターと亜美さんのピアノだけ。それが逆に良くて、ゲストの方も身構えずに歌ってくれたという部分もあると思います。皆さんが、普段の素顔に近い顔を見せてくれたかなという感触はありましたね」

ただ、そういう番組を俳優相手にではなく、住友が『ヤング・インパルス』の時代から関わってきた、あるいはその時代からキャリアを重ねてきたアーティストたちを迎えて作っていくということはできなかったのだろうか。もちろん、住友はそういう番組を考えないではなかったが、結局のところ、実現に向けて踏み出せないでいた。

「それをやるには、音楽的なバックボーンのしっかりしたものにしないと、出演依頼の話を持っていけないというか……。『ヤング・インパルス』から始まって、『ファイティング80's』『ライブトマト』『LIVE y』と続けてきて、その次の段階を考えてはみたんだけど、なかなか踏み出せなかった。音楽的にやろうとすると、どうしてもちゃんとしなきゃいけないと思ってしまうし、ちゃんとしようとするとどうしてもいろいろな意味で話が大きくなってしまう。だから、ちょっと違う世界に行ってみようという気持ちもあって『about30/50』みたいな番組ができたという面もあったと思います」

２０１０年代も半ばを過ぎると、ビッグネームと言われた人も含め、多くのキャリア・アーティストが、ごくごくシンプルな編成で、もっと言えば全くの単身で全国をツアーし、会場もライブハウスと言うよりはカフェと言ったほうがいいような空間で演奏を披露することも増えてきた。そうした状況があれば、住友もそれこそあまり身構えることなく、キャリア・アーティストを迎えて『about30/50』のような番組を実現していたのかもしれない。そう考えると、ここでもシーンの流れよりも10年から15年くらい先の地点に住友は立っていたということになってくる。

もっとも、音楽シーン自体も移り変わりが激しい。90年代初めにはライブはやらないで音源作りに専念してヒットを狙うアーティストたちが活躍する状況が生まれ、いわゆるメガセールスの時代が現出することになったが、そのＣＤの売り上げも98年をピークに下降線をたどり始める。総務省の調査によれば２０００年にはパソコンの普及率が全世帯の

50%を超え、そうしたなかで楽曲の配信サービスもスタートしていった。アーティストにとっては、メジャー・デビューということが以前ほどには大きな価値を持たなくなり、またアーティストの活動や様々な音楽情報を伝えるマスメディアの役割も相対的に小さくなっていった。先に書いた、アーティストが小さな編成で細かくツアーしていく動きが生まれたのも、こうした背景があってのことだ。

紅白とPUFFYとTVK年越しライブ

時代は移り変わっていくもの、と思っていたから、状況の変化に左右されることなく大きな流れを捉えよう、と住友は心がけていた。

「音楽に限らずどんな番組でも、〝この人と一緒にやっていけば面白い〟とか〝このアーティストを育てている人と一緒にやると面白い〟とか、そういう存在を自分のなかに持てているかどうかということが次の展開を考えていく上でのポイントで、そういう人と一緒にやる場合にテレビとして何ができるのかということを常に考えてきたつもりです。外の状況というのはすごく気になるけれども、でもそれに振り回されてはいけないし、状況にかかわらず自分がダメだと思ったら、そこで止める。例えば『ファイティング80's』を終了したようにね。で、またタイミングが来れば『ライブトマト』という番組を始める、と。長い時間の流れのなかに必ずうねりはあるから、それをただ待っているのではなくて、じっと俯瞰的に見る目を絶対に失っていけないということはずっと意識していました」

違う角度から言えば、住友には世の中の状況の変化を追いかけることよりも自分にとっての「この人」を見定めることのほうが大事だったということでもあるだろう。先にも書いた通り、住友にとっての番組作りは「ともに作る場を持ち合う」ことだったからだ。そうした「この人」の1人、原田公一がマネージメントを担当していたPUFFYを年末イベントにブッキングしたことで引き起こされた〝騒動〟が忘れられない出来事になったのも、それが住友のなかでは対世の中という話ではなく、対「この人」についての話だったからである。

96年にデビューしたPUFFYは、奥田民生プロデュースによる1ｓｔシングル「アジアの純真」がいきなりミリオンセラーを記録。続く2ｎｄシングル「これが私の生きる道」はミリオンセラーを記録したばかりか翌春の選抜高校野球大会の入場曲に選ばれるほどの国民的大ヒットとなり、当然のようにその年の暮れ、ＮＨＫから「紅白歌合戦」への出場を打診された。が、「夏前の時点でＴＶＫの年越しライブ・イベントへの出演が決まっていた」という理由で、PUFFYは紅白出場を辞退した。しかし話はそこで終わらず、「紅白」の会場であるＮＨＫホールとＴＶＫの年越しライブ・イベントの会場である渋谷公会堂が道1

本を挟んで隣同士だったことも手伝って、ワイドショーやスポーツ新聞は「ＮＨＫ VS ＴＶＫ」といった構図で騒ぎ立てた。住友にしてみれば、その構図はある意味では愉快なことだったかもしれないが、そうした世の中の反応は敢えて言えば、どうでもいいことだった。

原田は、『ファンキー・トマト』の初代パーソナリティーを務めた南佳孝のマネージャーで、さらにはユニコーン、奥田民生のマネージャーとしても、住友と「ともに作る場を持ち合」ってきた仲だ。その原田が、新しく手がけた新人にいち早く注目して年末のイベントの司会に抜擢した住友に対し、筋を通した。おそらく、それがこの〝騒動〟[※1]の、住友にとっての本質だった。「この人と一緒にやれば面白い」と見定めた人とともに場を作り、それに相手も応え、そこから世の中のうねりを生み出していく。そのうねり方がこの場合は少し特殊だったと言えるかもしれないが、だからこそいっそう強く自分が積み重ねてきたものの大きな成果を住友は実感したのだった。

集大成としての『ライブ帝国』

２００２年10月、住友はＴＶＫの貴重な音楽映像アーカイブにあらためて光を当てる番組『ライブ帝国』をスタートさせ、さらに翌03年5月にはそうした映像をＤＶＤ化してパッ

※1　この〝騒動〟の、住友にとっての本質だった。PUFFYはもちろんＴＶＫの年越しイベントに出演したのだが、直前に吉村由美が交通事故に遭い、当日は大貫亜美だけの出演となった。幸い、事故で負った傷が深刻なものではなかったこともあって、番組では等身大の吉村の写真を用意し、時には吉村のキャラクターをいじったりする場面もあった。そうしたおおらかな関係性も、原田の住友に対する、そしてＴＶＫに対する強い信頼があってこそのものだろう。

ケージ販売するプロジェクトをスタートさせた。これこそは、『ファイティング80's』終了時のインタビューで話していたこと、つまり後の財産になるようなものを自分で作って、それを元手にしてまた次を生み出すという循環を作り出していくということが実現していく1つの形と言っていいだろう。

「こういう形を最初から頭に入れて番組を企画し、作っていくというやり方はあっていいと思うし、もっと言えば、そういうやり方も考えるべきだろうと思います。ただ、「ライブ帝国DVD」を始めたのはもっと単純な話で、1つは「自分で撒いた種は自分で刈り取らないとね」ということですよ。それから、そもそもウチの番組はいくつかネットすることはあっても全国津々浦々まで見てもらえるという状況ではなかったわけです。そういうなかで、学生時代にたまたま首都圏で暮らしていてTVKの番組を見た人が地元に帰って、その話をしたら地元の人が羨ましがったという話を聞いて、いよいよ自分が作った番組を全国に行き渡らせたいと思った時に、パッケージの形で出せばそれができるな、と。その2つが理由です」

ただし、目の前で食べてもらうことを前提に売り出す食べ物と冷凍食品とではその美味しさのポイントが違ってくるように、同じライブ映像とは言っても番組とパッケージ商品とではベクトルの違いがあるように思われる。『ライブトマト』『LIVE y』の時代に、自身も数多くのライブ映像作品の制作を担当したソニーミュージックの飯田（貴晴）は、番組というものとパッケージ商品との違いをこう説明する。

「番組というのは、オンエアされて、1人でも多くの人に見てもらうということがまず目的としてあって、そこから制作スケジュールも、例えば『ライブトマト』だったら現場のスイッチングを中心にした4カメというシフトも、組まれていくんだと思うけど、こちら（パッケージ商品）はまずアーティストの意向を踏まえるところから作っていくから、8台くらいのカメラでパラで撮って、それを数週間かけてオフラインして、それをアーティストに見せて、何かチェックが入れば直して、OKが出たところでやっとオンラインっていう。つまり、メソッドが違いますよね。それに音楽の映像商品というのは情報量がすごく多いから、よほどコアなファンじゃなければ、2回、3回と見るということはなかなかないでしょ。かなりコレクターズ・アイテム感が強いと思いますね」

しかし常に収録の現場の空気を伝えるということをテーマにライブ番組を作り続けてきた住友には、そこに注目して欲しいという気持ちがあったと話す。

「確かに、番組として作られたものとパッケージとして作られたものの違いを感じるということがあるのもわからないではないんだけど、それこそ番組にはその時の空気を伝えるという部分もあるから、僕としてはファンの人たちに現場検証してもらおうという（笑）、そういう気持ちもあったような気がします」

「ライブ帝国DVD」のシリーズは、2年間に全部で48タイトルがリリースされ、累計

15万枚のセールスを記録した。

ところで、「ライブ帝国DVD」のリリースを始めた理由に「自分で撒いた種は自分で刈り取る」ということを挙げていることを見ても、この時期に住友には心境の変化があったことがうかがえる。番組『ライブ帝国』をスタートさせる1年前の2001年にはTVKにおける立場にもちょっとした変化があり、それも合わせ住友のキャリアは確かに、新しい局面に入っていった。

「僕自身は、現場が好きで管理職というものが嫌だったけれども、一定の年齢に達したら現場を次の世代に譲っていくというのが普通だし、いつまでも現場で差配している自分というのも惨めな感じがするようになったんです。それで、子会社のTVK音楽出版に出向させてもらって、そこの代表になったんだけれども、音楽出版という名前が大嫌いだったんですよ。何か〝もの〟がちゃんとあって、それを摘み取ることの対価というか分け前をもらうというのが真っ当な仕事のあり方だと思うんだけど、その〝もの〟が何もないのにお金をもらうというのが嫌だったから、「TVKミューコム」という名前に変えました」

〝ミューコム〟とはミュージックコミュニケーションズを縮めた言葉である。ミュージックコミュニケーションズ、つまり「音楽を通したやりとり」という名前の通り、音楽を扱う番組や映像をどんどん制作して、そこから生まれてくるものの分け前を受け取るという形の仕事を住友は進めていこうと考えた。しかも、それは単なる制作プロダクションの立場ではなく、ＴＶＫとして著作は主張するという形を基本としていた。

「結果、自分のやりたいこととビジネスを両立させる面白さというのがそこからまた生まれてきて、その先に「ライブ帝国」のＤＶＤで出すという企画も生まれてきたわけです」

35年史には、この社名の変更に関して、以下の記述がある。

「『ヤング・インパルス』の制作をきっかけに、音楽作品の著作権取得・管理を目的として設立されたＴＶＫ音楽出版が、6月「ミューコム」に社名を変更した。ＴＶＫの音楽番組を企画制作していく制作プロダクション業務が主になり、「出版」とは大きくかけ離れたため」

「音楽番組を企画制作していく制作プロダクション」という言い方と「ミュージックコミュニケーションズ」という言葉とではその印象はずいぶん違うが、その印象の違いは従来の住友の立ち位置とここから彼が目指していこうとしていたものとの違いにおそらく重なっている。住友が「ミュージックコミュニケーションズ」という自分なりの言葉を使って表明したものは、ものづくりの現場の主体であり続けたいという意志と、その現場で感じてきた「音楽番組は若い連中が若い感性で作らないとダメだよな」という実感との間で引き裂かれるような年齢になってきていた住友が、その2つをなんとか両立させることができる、新しい自分の居場所を模索するなかで生まれてきたものだからだ。

「僕自身は多分、組織人間ではないし、すごくわがままな男だとも言われるんだけれども

（笑）、僕から言わせると、自分が能動的になって燃えていないとダメなタイプなんだろうなと思うんです。定年を前に会社をやめてしまったのも、そういうことなんだろうと思うけれど、要はいつでも自分の居場所を探していたということだったように思います。自分の居場所がちゃんと決まらないと、人間はダメですよ」

丸山茂雄に学ぶ組織論

「組織人間ではない」とは言うものの、住友は「TVKミューコム」という組織の代表として、退職までの約10年を過ごしている。果たして、彼がどんな組織運営をしていたのか大いに興味を惹かれるが、1つの指針として意識していたのは、EPICの社長を務めていた頃の丸山が口にした言葉だった。

「丸山さんが言っていたのは、〝牧場みたいに、広くて自由な感じなんだけど、あるところまで行くと柵があるんだよね。管理してないようで管理しとかないと、どこ行っちゃうかわからないからさ〟って。そういう言葉ではなかったかもしれないけど、意味としては〝好きなようにやらせるんだけど、柵があるんだよ〟っていう。それはどこの会社にでも当てはまることではないだろうけど、会社の基本的なあり方としてすごく大切なことなんだろうなと僕は思っているんです。僕が代表をやったのは小さな会社だったけど、そこのデスクの女子たちは自分たちの仕事を〝猛獣使いにならないとできないことだ〟と言ってて(笑)、でもそれを面白がってやっていたんですよ。だから、規模の大小に関係なく大事なことは、囲われた中で自由にやる、と。でも、やってはいけないことはやってはいけないっていう。社員の自由さを尊重するためにはどうすればいいかということを考えないといけないのが管理職の仕事で、そういう環境の中でしか面白いものは生まれないんじゃないかなあ」

もう1つ、組織のリーダーとして住友が意識していたことを窺い知ることができる、こんな話がある。

「初めて原盤権を持ったのは、『saku saku』の主題歌として木村カエラが作った「Level42」[※1]という曲なんだけど、彼女を起用した現場のプロデューサー、武内和之からその曲を聴かされた時に、原盤の権利がどうなっているか聞いたんです。そしたら「半分は彼女の事務所で、もう半分はまだ決まってない」と言うから、「だったら、それはウチが絶対持とう」と。そのための金額はもちろん小さい額ではなかったけれど、〝番組を作っているスタッフの士気を高めるということを考えれば安いもんだ〟と思ったんですよ。そこにお金を出したことをスタッフが知れば、自然と盛り上がるし、力も入るから、そういう目には見えないものにこそお金を出すんだという意識ははっきりありました」

※1 「Level42」
木村カエラの1stシングル。インディーズ盤は390円390枚限定として神奈川県のCDショップ新星堂で2004年5月に販売され、3分で完売。06年6月に、彼女のメジャー・デビュー・シングルとしてリリースされた。

受け継がれていく「自由」な空気

住友の下で長く番組制作に携わった正（宏）は、自分も部下を持つ立場になってあらためて住友が持ち合わせていた「独特の感じ」を思い出すことがあると言う。

「なんとも言えない自由なムードというか……。基本的にＴＶＫでの仕事は話が早くて、住友さんやＡＰの木内（隆之）さんからは〝もう話は通ってるから、あとはよろしく〟みたいな感じで、責任というか仕事量は多かったんですけど、逆に言えば、自分でどんどん進められるわけですよ。その分、プレッシャーはあるんですけど、でも意気に感じるというか、やらなきゃなという気持ちが強くなりますよね。それに、いい意味でアバウトなんですよ。出演者サイドに対する制約もほとんどなかったし。正月の特番にゲストで来た大竹まことさんがあまりの緩さに、〝俺に何を求めてるんだよ！〟と叫んだという場面がありましたけど（笑）、いやいや、そこに座って自由にしていただければいいんです、みたいな。番組をやっていれば、やっぱり誰かがミスすることもあるし、いろいろトラブルがあるわけですけど、住友さんの現場ではみんなトラブルを引きずることがなかったんですよね。「ま、いいか」と言うと語弊がありますけど、でも実際「ま、いいか。それより次、頑張ろう！」という感じでずっとやってた気がしますね」

住友はいつでも「現場の空気を伝えるのが大事」と言うが、住友チームの現場の空気を伝える言葉としては「なんとも言えない自由なムード」ということになりそうだ。

「でも、そういうことを住友さんは意識していないんじゃないですかね。そこがいいところなんじゃないかと思うんですけど。住友さんだって、言いたいこともあったのかもしれないけど、何か言われたことはないし。でも、責任はとってくれるっていう。例えば『ライブトマト』だったら、ストリート・スライダーズの時に客席で問題が起こったり、Xの時には救急車を何台も呼ぶことになったりしたことがあって、もちろんその都度僕らなりに改善策を講じたわけですけど、そういうことがあったときに住友さんが僕らをすごく叱咤激励したとか、そういう記憶もないんです。漂わせている雰囲気とかで、僕らが感じていたということだったと思うんですよね」

さらに正は、住友が外部の人たちと接する態度も、自分のなかのテレビ局のプロデューサーのイメージと全く重ならないと話す。

「収録には、各事務所の、その当時のお歴々がやって来るわけですよ。で、住友さんと話しているのを横で見ていて、何？　この信頼感は？　みたいなことをよく思いましたよね。なんで、事務所のおじさんたちは、住友さんがこんなに好きなんだろう？　って。ある事務所のすごく偉い人から〝住友さんから言われたら、断れないんだよな。なんでなんだろうね？〟と言われたのもすごく印象に残ってます。優しい、というのとは違うんですけど、何かすっと入っていける感じがあるんですよ。アーティストに対しても、そういう感じなんです。『ライブトマト』に佐野元春さんが出てもらう時に、住友さんとディレクターと3人で事務所に行ったんですけど、そこでも住友さんはほとんど話さないんですよ。〝佐野くん、よろしく。あとはマネージャーさんと正で話してください〟みたいな。『ファイティング〜』の頃からの付き合いだというARBの石橋（凌）さんやTHE MODSの森山（達也）さんと話しても、そんなに多弁じゃないんですよね」

ちなみに正は、TVKの古参技術スタッフから「住やんのディレクションはすごいうるさかったよ」という話も聞いたことがある。

「『ヤング・インパルス』の時はサブで叫んでたって（笑）」

ディレクターをやっていた頃の住友は相当に熱かったらしい。自身が激しく自分の思うままに動いていく人間だったから、部下に対してもそういう行動に寛容だったのかもしれない。しかし住友は、先の発言にもある通り、〝柵〟は必要と考えていた。それは一体どういうものだったのだろうか。

「人の嫌がることは絶対やらないということと、人が面白がることをやるということなんだけど……。自分が面白いと思うことをやればいいんだけど、ただ受け手の側がそれをどう思うかということを常に気にしながらやらなきゃいけない、ということかな。やりっ放しというのは絶対にダメだから。やったことに対して返ってきたことを受けて、次にまた新しいものをどう作っていくかという、その繰り返しができる人間でないと番組は作れないんじゃないかなあ。それは、音楽でなくても、何の番組をやっても同じだと思います」

管理者としての流儀の話をしていても、それが作り手の話になってしまうのがまた住友という人を表しているように思うが、「受け手の側がそれをどう思うかということを常に気にしながらやらなきゃいけない」というのは、そのまま作り手としての住友の基本的なポリシーであるだろう。

「野球で言えば、4回打席があるうちの3回は凡打あるいは三振でもいいけど、1打席くらいはバットに当ててヒットを打たないとね。4打席すべてヒットにするのは無理があるし、実際には不可能だと思うけど、4回のうち1回か2回はポップなものというか、見ている側も共感できるものを作れば、残りは、作った時には認められなかったけど結果としてアート的な価値がありますね、みたいなものでもいいじゃないかという気がします。言い方を換えると、時代に埋没しないで次へ、次へと新しいものに向かっていくことのなかで自分も変わっていって、時代の半歩先を行くものを作るということが、同時代的な共感も得つつ、時間が経った後でも評価されるものになっていくんじゃないかな」

さて、番組の作り手としての住友の生涯打率はどれくらいだったのだろうか。

「空振りの三振、ファウルフライ、犠打、凡打の山ですけど、たまにはヒットも打てたと思うんです。だから、2割5分くらいの打者だったと思っている。というか、そう思いたいですね」

挑み続けるものの遺伝子

１９４９年、つまり住友が生まれた年の翌年、彼の故郷、山口県下関市を地元とする食品製造販売の会社、林兼産業（大洋漁業の兄弟会社）が、下関をフランチャイズとするプロ球団、大洋ホエールズを誕生させた。大洋ホエールズはその後、大阪を本拠地とする時期もあったが、紆余曲折を経て、１９７８年に横浜大洋ホエールズとなり、１９９３年には横浜ベイスターズとして横浜の市民球団となった。そして住友がＴＶＫを辞した２０１１年、４年連続の最下位でシーズンを終えたベイスターズは親会社が変わり、新しいシーズンを横浜ＤｅＮＡベイスターズとして迎えることになった。

２０１９年には、球団誕生70周年記念のオープン戦、対広島戦が下関球場で行われることになり、その日は横浜ＤｅＮＡベイスターズの選手全員が、球団を誕生させた林兼産業に敬意を表して、マルハ印の特別ユニフォームを着て試合に臨むことになっていた。住友は、横浜でその試合のチケットを購入し、試合を見るべく実家に帰って楽しみにしていたが、当日はあいにくの悪天候で、残念ながら中止となってしまった。

住友は、下関に端を発し横浜にやって来たベイスターズに、自分が下関から横浜に流れてきたこととの不思議な因縁、宿命を感じている。ジャイアンツという当面の敵を打ち破ることの先に栄光を見出してきたベイスターズと同様、住友もまたメイン・カルチャーの象徴としての東京を乗り越えることの先に自らのアイデンティティを見出してきた。

住友はずっと、大のベイスターズ・ファンである。

Close Up Interview 8

近藤正司

Masashi Kondo

ＴＶＫには他では見られないもの、オリジナルで、ニッチで、しかし深い、そういう番組で世の中に刺激を与えてほしいなと思っています。

ＴＶＫの放送開始から17年後、音楽専門チャンネルとしてスタートしたスペースシャワーＴＶの軌跡は、住友がたどった道程と重なるところも少なくない。そうした先行者の存在を近藤さんはどんなふうに意識し、また自らの独自性をどう見出していったのだろうか。

近藤正司

1958年宝塚市生まれ。81年同志社大学卒業、映像制作会社エキスプレス入社。88年同社にて音楽チャンネルを構想。89年 株式会社スペースシャワー設立に際し上京、番組編成を担当。その後、クリエイティブ各部門の本部長を歴任。11年株式会社スペースシャワーネットワーク取締役就任。17年4月代表取締役社長就任。21年4月より代表取締役会長。

——近藤さんは関西のご出身ですが、その近藤さんがＴＶＫというテレビ局、あるいはその番組を意識したのはどういうタイミングでしたか。

近藤　多分『ファイティング80's』だと思うんです。確かサンテレビでもやってて、限りなくＴＶＫに憧れていました。大学時代、僕は同志社大学だったんですが、友達が早稲田に通ってて、だから東京に遊びに行くわけです。で、東京見物じゃないですけど、吉祥寺や浅草に行ったり……、という流れで友だちに連れられて横浜に行った時、「ちょっと行きたいところがあるんだ」と言って、ＴＶＫの社屋を見に行ったんですよ（笑）。ＴＶＫというのは音楽の番組をちゃんとやってるテレビ局という認識が僕にはあって、友達と「こんなところに就職できたらいいな」なんて、話してました。当時、関西ではＫＢＳ京都の『ポップス・イン・ピクチャー』というミュージック・ビデオを流す番組と、不定期でしたけどＮＨＫの『ヤング・ミュージック・ショー』くらいしかなくて、音楽の番組……というか、普通のテレビ局が放送している歌謡曲の番組とは違うものに飢えてたんですよね。

——「こんなところに就職できたらいいな」と話されていたとすると、就職するにあたっては、テレビ局で音楽番組を作るということを希望されていたんですか。

近藤　僕は81年に就職するんですが、それはエキスプレスという大阪の映像制作会社です。読売テレビやＭＢＳ、それにサンテレビやＫＢＳの番組も作ってましたが、大阪で作る番組は音楽とはほとんど縁がなくて……。ただ、エキスプレスという会社は、中継車を何台も持ってるしポスト・プロダクションの設備も、大きな収録スタジオも持っているという、ローカルテレビ局と比べてもまったく遜色のない設備と人材を備えた会社だったんですよね。でも、電波はもちろん持ってない。そこに、当時の郵政省が「スペースケーブルネット構想」なるものを打ち出して、通信衛星を使って全国のケーブルテレビ局に番組を供給しようというわけです。その計画を知った僕は、会社に提案したんですよ。「アメリカのCNNやMTVのような多チャンネル専門テレビ時代が日本にも来ますよ」って。そしたら、当時のエキスプレスの社長が、「おもろいやん。いっとこか」と（笑）。それで、何をやろうかと考えた時に、思い当たったんですよね。音楽があれだけ好きだったのに、仕事を始めてからは音楽をちゃんと聴いてないなって。

——自分がやるなら、音楽専門チャンネルだ、と？

近藤　その時にはもちろんTVKのことも頭にあり、それで相談したのが元は渡辺プロダクションにいてヒップランド・ミュージックを当時立ち上げたばかりの中井猛さんで、中井さんには後にスペースシャワーの社長も務めていただくわけですが、それがスペースシャワーの最初です。1989年の1月に会社ができて、その年の12月に全国のケーブルテレビ局に配信を始めました。当時は、全国とは言っても20局くらいでした。その時期に、中井さんに連れられて行ったのが、住友さんにお会いした最初だと思います。

——その時には、どんな話をされたんですか。

近藤　いやあ、憶えてないなあ……。その頃のＴＶＫは視聴世帯数が４００万くらいだったと思うんですけど、片やスペースシャワーは全国で視聴可能世帯が20万あるかないかくらいでスタートしたと思うんです。要は、〝誰が見ているのかわからない〟という感覚でスタッフも出演者も番組作ってたんですよね。忘れもしないですけど、配信を開始した89年12月１日に開局生番組の放送中にファックスが１通、スタジオに届いたんですよ。みんなで大喜びしたんですけど、よく見たらケーブルテレビ局の人からの応援ファックスだったっていう（笑）。

――（笑）。業務連絡だったわけですね。

近藤　それでも嬉しかったくらい、手応えの無いなかでスタートしましたとか、そんな話を住友さんにしたんじゃないかと思います。とりあえず、僕自身はＴＶＫの視聴世帯数を超えたいということはすごく意識していました。しかも、ＴＶＫは基本的には神奈川のローカル局だけど、僕らは小さいながらも全国に番組を供給する立場ということで、対抗意識みたいなものはものすごくありました。尊敬はしつつも、「ＴＶＫに追いつけ、追い越せ」っていう。ただ、その一方で『GiRLPOP TV』という番組や『LIVE y』という番組をスペースシャワーでも１週遅れで放送していた時期がありましたし、『LIVE y』についてはプロダクションとして請け負って制作もしていました。

――住友さんは、東京のキー局の番組が全部見れる神奈川で存在価値を認めてもらうにはキー局がやらないものをやるしかないと考えた結果として、つまりメジャーに対するカウンターとして音楽を、とりわけロック・ミュージックに向かうことになったわけですが、スペースシャワーは先程のお話にもあった通り、音楽専門チャンネルであることはまず決まっていたわけですよね。

近藤　そうですね。

——その上で、どんな音楽を、どんなふうに伝えていこうと考えられていたんですか。

近藤　まさにカウンター・カルチャーだと思っていたので、当時で言えば雑誌の「宝島」のように、音楽を中心に据えて若い世代のニーズに応える番組を作ろう、と。しかも、地上波のテレビがやっていないことをやる。ライブをやるにしても、当時のテレビは深夜に30分程度の番組のなかで紹介する程度でしたけど、ウチはライブをフルサイズで流したい。MCも流したい。MVもフルで流したい。ミュージシャンに話を聞く場合も、プロモーション・トークだけじゃなくて、考えていることの深いところまで、とにかく引っぱり出したい。だから、番組は全部3時間枠だったんです。ひと言で言えば、「テレビがやってないことをやるテレビ」ですよね。

——(笑)、テレビではあるんだけれども?

近藤　いや、自分たちがやってることはテレビだとは思ってなかったんですよ(笑)。むしろ、FMラジオに近いと思ってました。

——ただ、その後ロックがメジャー化していって、地上波の番組でも特集が組まれたり、たっぷりライブ演奏が紹介されたりという状況になるわけですが、そうした状況の変化のなかで近藤さんはどんなことを考えられていましたか。

近藤　ウチは、開局の時点から一番大事に思ってやっているのは世の中に出る前の音楽に注目していきたいということで、ただそこで1つ矛盾をきたしてくるのはスポンサーの関係ですよね。「このバンドは絶対ヒットしますから」と言っても、スポンサーや代理店の方からすると、今ヒットしてないと意味ないわけですよ（笑）。「1年後、3年後を見てくれ！」とずっと思ってましたけど、おかげで最初は大赤字の会社でした。でも、好きなことを続けていくためにはヒットを作らなきゃいけないということは、だんだん考えるようにはなっていきました。考えたからってヒットが作れるわけじゃないんですけど（笑）。例えばゆずをデビュー前からずっと推したり、レコード会社との契約が切れそうになっていたウルフルズのトータス松本を起用し続けていたら「ガッツだぜ!!」で大ヒットした時にウチでレギュラーをやっていたり、そのレギュラーの相方だったユースケ・サンタマリアがフジテレビの番組をきっかけにブレイクしたり、というようなことが起こっていったわけですけど、2000年代に入ったあたりから、確かにちょっと変わってきたかもしれないですね。

——それは、番組の内容に関することですか。

近藤　いや、番組出演者の意識ですね。視聴者もそうなんだけど、番組に出ている人の意識が地上波テレビに出てるのと感覚としては変わらなくなってきたかもしれないという気がします。スペースシャワーで育った人たちというか、ずっとスペースシャワーをずっと見てきた人たちも、かつては異質なものとして捉えてくれていたのが、最近はあまりそういう感じは持ってないんじゃないかなあ。そういう感じが出てきた頃から、スペースシャワーのなかでは「SWEET LOVE SHOWER」とか「スペシャ列伝」とか、そういうイベントを通じてスペースシャワーを知る人が多数派になっていったような気がします。視聴者のなかでも多チャンネル離れということが起こってきて、というのは親が契約していた時には見ていたけど、自立して暮らすようになると、もう毎月何千円か払ってまで見るということはなくなってきたりするっていう。

——学生時代とは違って、社会に出ると忙しくて自由に使える時間も減ってきますからね。

近藤　その結果として、スペースシャワーTVというものではなく、ライブのチケットを買ったらそこに「スペースシャワーって書いてあるね」っていう、そういう存在に変わっていったんだと思います。ただ、その一方で、例えば「SWEET LOVE SHOWER」は96年に日比谷野音で始まって、その後山中湖畔に場所を移し、3日間開催になり、ステージも増え、というふうに成長していき、「スペシャ列伝」も新人開発イベントとしてブランド化し、全国をツアーするようになっていったわけですよね。今やテレビを持ってない人というのも若い世代には多いから、そういう状況にあってはインターネットとライブというのが中心になるのは自然なことなんだろうと思います。

――それにしても精神的に一貫しているなと感じるのは、さっきの近藤さんの言葉を借りれば「テレビなのに、テレビじゃないことばかりやってる」というところがありますよね。

近藤　そうですね。それがさらに進んで、元々はよそのレコード会社のアーティストを一生懸命応援する立場だったのが、自分たちでアーティストをマネージメントすることを始め、音源も自分たちでディストリビュートすることをやって、例えばゲスの極み乙女。とかsuchmosを生み出すことができたし、現在もそれに続くアーティストを自分たちで手がけているわけです。ただ、そこにあるのは自分たちが契約しているアーティストだけを盛り上げたいという気持ちではなくて、パラダイムを作りたいなという思いなんですよ。だからこそ、スペースシャワーTVとしてこれまで一緒にやってきた人たちとの関係性というものは今もとても大事に思っていますし、それはこれからも変わらないです。相互補完的な関係性のなかで、マネージメントやレコード会社、それにいろんな媒体の方々と新しいパラダイムを作っていきたいなと思っているんですけど……、このコロナ禍の1年はちょっと大変でしたね。

――その新しいパラダイム作りということも考えるなかで、TVKというメディアには今どんなことを期待しますか。

近藤　ローカルだからできること、というのがあると思うんです。ローカルだからこそ全国に対してパラダイム・シフトを引き起こせるということが。例えばラジオの世界ではradiko というアプリができて、全国でいろんなローカルFMの番組を聞けるようになってますけど、そこではローカルだからできることが全国のリスナーにとっては、未知なもの、新しいものとしてアピールするということが起こってるし、そのいわゆるローカル色がディープであればあるほど強みになるということもありますよね。TVKは、横浜という、すごくカラーをもった場所にあるわけですから、そこにこだわることで全国に対して1つのカウンターになるような存在感を示せるんじゃないかなと思うんです。それはもちろん、音楽だけの話ではないですが。より広くと言うよりも、狭いかもしれないけれど、より深いものを作っていけば、そこに人は集まってくるんじゃないかなあ……。って、スペースシャワーに対しての言葉みたいになってきましたね（笑）。それはともかく、TVKには他では見られないもの、オリジナルで、ニッチで、しかし深い、そういう番組で世の中に刺激を与え続けてほしいなと思っています。かつて僕が、大阪にいて憧れを感じて、横浜に来たら社屋を見に行ったように。社屋を見に行って、何になるんだって話ですけど（笑）。おこがましいですけれど、僕にとって、住友さんはスペースシャワーの親の1人です。

Epilogue

――ＴＶＫを辞められたのは、東日本大震災の年、２０１１年でしたね。

住友 ３月11日に震災があって、その年の６月にやめました。辞めたことと震災とは関係はないんだけど。

――ここまでの話で、「何度かやめたいと思った時があったけれども、その時には状況が許さなかった」というお話がありましたが、逆にその２０１１年には何か辞めなければいけない事情があったわけではないですよね。

住友 そうだね。

――それでも、そういう決心をされたのは、何かきっかけがあったんですか、

住友 ひと言で言えば「もう潮時だな」と感じた部分があって、自分が、あるいは自分たちが、発火点になって世の中が少し動いているというような景色が見えなくなっているという感覚が、ＤＶＤのリリースが終わった（２００４年）あたりからずっとあったんです。それ以降、「次はこれをやりたい」と思うことが見つからないし、見えないし。だから、会社に身を置くことがもうあまり意味は無いなと思い始めて、それなのに給料だけもらっているのは給料泥棒みたいで嫌だな、と（笑）。それよりも、次の自分の居場所を自分で見つけることをやったほうがいいなと思ったんです。つまり、辞める２、３年前から、自分の居場所が見つからなかったということじゃないかな。だから、そこで一度区切りをつけて、次の自分の居場所を見つけようということだったと思います。

――開局当時、つまり住友さんのキャリアの一番最初のところでは、見てもらえなければ自分たちのいる理由がないから自分たちの居場所を見つけるためにどうすればいいかということをずっと考えていたと話されていましたが、最後にまた同じ「居場所」という言葉が出てきました。

住友 全く同じかもしれない。気持ちは変わってないね。基本的には、自分がいるべき場所にちゃんと自分がいるんだなという自己確認ができているかどうかということの連続だったと思う。ホントに、最初と同じだね（笑）。

――ただ、例えば音楽が自分の居場所だと思い定めても、その音楽の有り様や価値が変わっていくので、それに対応して、自分も変わっていかないといけないと思うんです。

住友 そうだね。

――音楽が居場所というのとは別に、インディペンデントな立場にあるということは最初からずっと見据えていたようですね。

住友 見据えていたというか、そういう宿命だったというか。

――（笑）、宿命ですか。

住友 （笑）、大洋ホエールズもそうだし、そういう因縁を感じるから。大洋ホエールズと同じ道のりをたどったことに何か深い因縁・宿命を感じるんですよ。広島人の「広島カープ命」「アンチ巨人」「アンチ東京・中央」に痛く共感、感動しますね。

――入社する前にアルバイト期間がありましたが、その時点でＴＶＫという会社や横浜という土地が合ってないと感じたら、入社していないですよね。

住友　入社してすぐの時期に辞めようと思ったことがあって、それは今から思えばすごく稚拙な考えだったと思うけれど、なんか肌に合わないなという感じがあったんです。入って半年くらいかな。それで先輩に「やめたいと思うんだけど」という話をしたら、「簡単に、そんなことを言うな」と。「あと1日、あと2日、あと1週間と思って、やり続けるべきだ」と言われたことがあって、それ以降も辞めようと思った時にはその言葉を思い出して「もうちょっと頑張ってみるか」とやってきたんだよね。

――その「肌が合わない」という感覚は、会社というものに対してですか。

住友　何だろうね？　些細なことかもしれないけど、何か嫌だったんだよ。最初の半年間はワイドショーをやってたから、それもあったと思う。その後『ヤング・インパルス』に変わって、25歳でディレクターをやらされることになって、自分で自分の居場所を見つけないといけないと思ってからは何とか続けられたっていう。

――『ヤング・インパルス』に移ってからは、違和感は感じなくなったんですか。

住友　そうだね。何か肌に合うものを感じたのかもしれない。その時には、ＲＣサクセションがレギュラーをやっていて、「清志郎っていうのは、斜に構えて変なヤツだなあ」と思って。それでも、何か伝わるものというか、感じるものがあったんだろうね。

40周年ライブ・イベントから、トリを飾った真心ブラザーズのステージ。フジファブリック、ユニコーンも出演し、会場を埋め尽くすほどの観客が集まった

──2004年の局社引っ越し記念の時と、2012年の40周年の際に横浜・赤レンガ倉庫でライブ・イベントが行われましたが、40周年の時はOBという立場になられていたから、同じ場所でやっても04年の時とは何か違う感想があったんじゃないですか。

住友　40周年のライブは見に行ってないんですよ（笑）。なんでだったのかな？　ちょっとわからないんだけど、見に行ってないです。

──OBになられてからは、TVKの音楽番組やイベントをご覧になることはないですか。

住友　全然ないです（笑）。むしろ、TVKには意識的に関わらないようにしていたから（笑）

──オフィシャルな場ではなくても、OBの方が集まる飲み会のような場に出席されることはなかったですか。

住友　OBが集まる社友会というのが年に1回あるんだけど、それにも1回も出てない（笑）。

──これまでの人生のほとんどをTVKというか、テレビに関わることで過ごしてきた住友さんが敢えてそこから離れて過ごすことにすると、その先の時間というのはどういうふうに流れるものですか。

住友　僕は52歳の時に病気で倒れたんだけど、それまでが第一の人生、その後が第二の人生だと思っていて、会社を辞めてからは第三の人生で、そこでは音楽とは関係ない人生を歩もうと決めていたんです。音楽に関わる役職をやってくれないかという話もいくつかあったんだけど、全部断りました。ただ、それは最初からキッパリとしていたわけでもなくて、やめてから半年くらいは「どうしようかな？」といろいろ迷っていたんだけど、その後に「自分の居場所はこうしよう」と決めたのが第三の人生で、そこでは音楽とは関わらないことにしたということです。

——第三の人生では音楽とは関わらない、ということにしたのはどうしてですか。

住友　自分としては撒いた種を刈り取ったところで、「もういいよね」という感じだったんですよ。その刈り取ったものが豊作だったかどうかは全然わからないんだけど。

——その第三の人生はどういうふうに過ごすことになったんですか。

住友　とにかく現役時代にはできなかったことをやろうと思いました。そのひとつとして、現役時代にはなかなか読めなかった様々な数多くの本を読むことです。フィクション、ノンフィクションを問わず、生きている間にどれだけ多くの作家に出会えるのか挑戦してみたい、それを楽しみたいと思ったんです。本を読むことによって心の肥やし、刺激をどれだけ得ることができるか。知らなった新しい世界にめぐり会えるか。そして、そこで感じたことをいかに行動に結びつけることができるかを目標に、心のアンチエイジングを求めて、インナートリップに出ましたね。

——ＴＶＫに入る時の気持ちを振り返って「どこか華やかな感じに憧れたところもあったんだろうね」と話されていましたが、そういう世界にどんな仕事の内容なのかもよくわからないまま飛び込んで、40年働いて、今振り返ってみるにテレビの仕事との相性というのはどう思われますか。

住友　いろいろ苦しいことも大変なこともあったけど、基本的には相性はすごく合っていたなと思うし、音楽についても、それを自分がやるとは全く思っていなかったけど、やるとなったらそこで一貫してやることができたのも良かったというか……。会社員であることを考えると、制作の現場にずっといることができたのもすごく珍しいことだと思うんだけど、それは「この1つのことをやりなさい」と神様から言われたんだと自分としては思っていて、だから意固地にそのことをやり続けてきて、結果としては一貫した目線でいろんなものを見てこられたということは幸せだったなと思っています。

——テレビマンとしての人生をずっと制作で終えるという方はいらっしゃるかもしれませんが、その扱う対象は多様であるのが普通だと思います。でも、住友さんの対象はずっと音楽でした。そのことについては、今の時点ではどんなふうに思いますか。

住友　宇崎竜童さんとの出会いが、かなり決定的だったような気がします。あの人と一緒に番組をやることで、音楽をやっていくことを決定づけられたというか。それをミッションとしてやり切ろう、と。それで、やがて会社からも「音楽のことは住友がやれよ」と思われるようになったんだろうし、その使命を果たすということを続けてきた39年間だったのかなという気がします。

――宇崎さんと出会って、どんなことを感じたことが音楽をやり続けることを決定づけたんでしょうか。

住友 音楽をベースにして番組を作っていくことの面白さを学べたということじゃないかな。その面白さというのは、やり続けていくなかで感じたことでもあるんだけど。次につながっていくことの面白さというか。つながっていったことの、証として「ライブ帝国」のDVDがあり、その先に時代が見えたということなんじゃないかなあという気がします。

＊＊＊

住友は、探しものを見つけ、自分の居場所を見定め、そこに種を蒔き、収穫を得た。その途中にはいくたびかの幸運に恵まれたし、多くの良き出会いがあった。それにしても、自分の居場所は自分で切り開くことで幸運も出会いも引き寄せた自立精神をこそ、ロック・ミュージックは愛したのだろう。

その住友がテレビマンとしてのキャリアのすべてを過ごしたTVKは、短くない時間をサバイブし、しかし変わらず東京というこの国の中心の傍にあって独自の道を歩むべき宿命を負って、さらにまた新しい歴史を刻んでいく。それは、ロックに愛されたローカルテレビ局の矜持が試される、彼らにしか挑めない特別な闘いでもあるに違いない。

【番組出演アーティスト一覧】

『ヤング・インパルス』

※各回の詳細な放送資料がないため、全放送通しての出演者のみを列挙。掲載順については順不同。

ガロ／RCサクセション／ケメ／猫／泉谷しげる／ピピ＆コット／モップス／キャロル／及川恒平／フォークローバーズ／かぐや姫／井上陽水／海援隊／つのだひろ／杉田二郎／古井戸／アリス／とみたいちろう／赤い鳥／かまやつひろし／上田正樹／鈴木茂／甲斐バンド／クリエーション／ウェストロードブルースバンド／荒井由実／森山良子／吉田美奈子／内海利勝／矢沢永吉／クラフト／とんぼちゃん／小室等／西岡たかし／チューリップ／赤てふちん／神崎みゆき／サディスティック・ミカ・バンド／ローズマリー／ウィリアムテル／ノラ／加川良／五輪真弓／ザ・ナターシャセブン／長谷川きよし／丸山圭子／本田路津子／佐渡山豊／ジローズ／乱魔堂／グレープ／ダ・カーポ／山本コウタロー／NSP／ずうとるび／まがじん／野坂昭如／りりぃ／小坂明子／ダウンタウン・ブギウギ・バンド／ベル／クールス／茶木みやこ／山崎ハコ／細野晴臣／シュガーベイブ／諸口あきら／山下敬二郎／バンバン／まりちゃんズ／中沢厚子／ジョニー大倉 他

『ファイティング 80's』

※セットリストは実際の演奏順です。また、D.T.はダウン・タウン・ブギウギ・バンドの略です。

放送日	出演者	演奏曲
1980年		
4/4	D.T.	鶴見ハートエイクエブリナイト
	佐野元春	アンジェリーナ
	RC サクセション	ようこそ／上を向いて歩こう／スローバラード／雨あがりの夜空に
	D.T.	ララバイ横須賀
4/11	佐野元春	アンジェリーナ
	ばんば ひろふみ	SACHIKO／できるだけ遠廻り／再会／青い春
	D.T.	ASHI-GA-TSURU
4/18	D.T.	春のからっ風
	佐野元春	アンジェリーナ
	アナーキー	ノットサティスファイド／季節の外で／団地のオバサン／ジョニーB.グッド／ホワイト・ライオット
	D.T.	TOKYO豚
4/25	D.T.	堕天使ロック
	佐野元春	アンジェリーナ
	松原みき	真夜中のドア／そうして私が／ハロートゥデイ
	D.T.	OUR HISTORY AGAIN～時のかなたに
5/2	D.T.	シネマ横丁
	佐野元春	アンジェリーナ
	ジョニー、ルイス&チャー	サティスファクション／FINGER／OPEN YOUR EYES／YOU'RE LIKE A DOLL BABY
	D.T.	いい子でいなさい
5/9	D.T.	マイボディ
	佐野元春	アンジェリーナ
	シャネルズ	Everybody Loves A Lover／SH-BOOM／いとしのラナ／Speedo's Backen Town／ランナウェイ／Tonight Tonight
	D.T.	フロム東京バビロン
5/16	D.T.	シャブシャブパーティ
	佐野元春	アンジェリーナ
	スペクトラム	F・L・Y／ミーチャンGOING TO THE HOIKUEN／IN THE SPACE／SUNRISE
	D.T.	OUR HISTORY AGAIN～時の彼方に～

放送日	出演者	演奏曲
5/23	D.T.	チョイトダーリン
	岸田智史	泣き笑い／Lonely Night／ガール／重いつばさ
	佐野元春	アンジェリーナ
	D.T.	住めば都
5/30	D.T.	ASHI-GA-TSURU
	シーナ&ザ・ロケッツ	YOU MAY DREAM／レイジークレイジーブルース／オマエガホシイ
	プラチックス	TOP SECRET MAN／GOOD!／COPY／PATE
	佐野元春	アンジェリーナ
	D.T.	住めば都
6/6	D.T.	鶴見ハートエイクエブリナイト
	HOUND DOG	WELCOME TO THE ROCK'N ROLL SHOW／ROCK'N STREET／嵐の金曜日／だから大好きロックンロール
	佐野元春	アンジェリーナ
	D.T.	住めば都
6/13	D.T.	いい子でいなさい
	ムーン ライダーズ	モダンラヴァーズ
	堀内孝雄	風に寄せて／心の歌を／デラシネ
	堀内孝雄と滝ともはる	南回帰線
	佐野元春	アンジェリーナ
	D.T.	マイボディ
6/20	D.T.	シネマ横丁
	岡林信康	ベイビーワンモアチャンス／血まみれ／君に捧げるラブソング／ミッドナイトトレイン
	佐野元春	アンジェリーナ
	D.T.	住めば都
6/27	D.T.	TOKYO豚
	所ジョージ	冬の宿(雪だるま)／ちり紙／畳／良い子の歌シリーズより新作童謡集第一巻／正気の沙汰でナイト／本当にいい気持ち／TO LOVE AGAIN／たんぽぽ
	佐野元春	アンジェリーナ
	D.T.	マイボディ

放送日	出演者	演奏曲
7/4	D.T.	チョイトダーリン
	ジョージ紫&マリナー	THE ANCIENT MARINER／MY LADY JANE／NIGHTRIDER／DEACEFUL
	佐野元春	さよならベイブ
	D.T.	マイボディ
7/11	D.T.	ララバイ横須賀
	桑名正博&ティアドロップス	BLACK JACK／SLOW DOWN／DIRTY HERO／MIDNIGHT PARTY
	佐野元春	GOOD TIMES&BAD TIMES
	D.T.	マインボディ
7/18	D.T.	フロム東京バビロン
	もんた&ブラザーズ	Burning／Journey／LAST DRIVE／ダンシング・オールナイト
	佐野元春	さよならベイブ
	D.T.	鶴見ハートエイクエブリナイト
7/25	D.T.	いい子でいなさい
	舘ひろし	朝まで踊ろう／初めてのデイト／ハニーベイビー／都会の風に／明日なき青春
	佐野元春	夜のスウィンがー
	D.T.	鶴見ハートエイクエブリナイト
8/1	D.T.	シネマ横丁
	南佳孝	憧れのラジオガール／コンポジション1／Midnight Love Call／プールサイド／モンローウォーク
	佐野元春	GOOD TIMES&BAD TIMES
	D.T.	鶴見ハートエイクエブリナイト
8/8	D.T.	住めば都
	上田正樹	ハーダー・ゼイ・カム／チャンピオンが負けた日／東京FUN FUN 大阪SOCK IT TO ME／Sweet Soul Music／スタンド・バイ・ミー／ドック・オブ・ザ・ベイ／Hard to hand
	佐野元春	さよならベイブ
	D.T.	鶴見ハートエイクエブリナイト
8/15	文楽「曾根崎心中」	生玉恋参り
	Part2前編	情が仇／女郎屋天満屋前にて
8/22	文楽「曾根崎心中」	
	Part2後編	
8/29	サザンオールスターズ	Hey!Ryudo!
	宇崎竜童	Dear Mr.K.K.
	宇崎&サザン	いとしのエリー
	D.T.	TOKYO豚
	佐野元春	悲しきRadio
8/29	サザンオールスターズ	恋するマンスリーデイ／わすれじのレイドバック／わたしはピアノ／いなせなロコモーション／勝手にシンドバッド
	D.T.	ASHI-GA-TSURU
9/5	D.T.	シネマ横丁
	TENSAW	DOBUITA st.／世の中カワルサ
	ARB	ラ・ラの女／Tokyo Cityは風だらけ
	佐野元春	ナイトライフ
	D.T.	堕天使ロック
9/12	D.T.	ララバイ横須賀
	クリスタルキング	At the hop／Diana／Jenny Jenny／何処へ／処女航海／朝焼けの街角
	佐野元春	ナイトライフ
	D.T.	チョイトダーリン
9/19	D.T.	マイボディ／TOKYO豚／堕天使ロック／シャブシャブパーティ／住めば都／鶴見ハートエイクエブリナイト
9/26	D.T.	日和れない見過ごせない
	大木トオル	HIP SHAKE ／STORMY MONDAY BLUES／CROSS COUNTRY BOOGIE／EVERYNIGHT WOMAN
	佐野元春	ガラスのジェネレーション
	D.T.	フロム東京バビロン
10/3	D.T.	日和れない見過ごせない
	PANTA&HAL	マーラーズ・パーラー'80／ルイーズ／つれなのふりや／屋根の上の猫
	D.T.	いい子でいなさい
10/10	D.T.	シャブシャブパーティ
	一風堂	ジャーマンロード／ミステリアス・ナイト／HELPLESS SOLDIER／NEU!
	クールス	T-BIRD CRUSIN'／DO THE STEAM TRAIN
	D.T.	日和れない見過ごせない
10/17	D.T.	ASHI-GA-TSURU
	アン・ルイス	PINK BOLOGNA／LINDA／LONDON DAYS／Rock'n Roll Baby／BOOGIE WOOGIE LOVE TRAIN
	D.T.	日和れない見過ごせない
10/24	D.T.	鶴見ハートエイクエブリナイト
	久保田早紀	九月の色／夢飛行
	篠塚満由美	EASY COME EASY GO／ノスタルジックフィーリング／月影のTOKYO／ララバイ横須賀
	D.T.	ララバイ横須賀
10/31	D.T.	TOKYO豚
	憂歌団	僕らの家へ／シカゴバウンド／嫌んなった／当れ宝くじ！／パチンコ／君といつまでも
	D.T.	住めば都
11/7	D.T.	シネマ横丁
	RCサクセション	あぶら／ようこそ／雨あがりの夜空に／トランジスタラジオ／スローバラード／スウィート・ソウル・ミュージック
	D.T.	もう頰づえをつくばかり
11/14	D.T.	日和れない見過ごせない
11/14	ジューシィフルーツ	ジェニーはご機嫌ななめ／雨のヒロイン／なみだ涙のカフェテラス／恋はベンチシート／そわそわストリート
	D.T.	もう頰づえをつくばかり
11/21	D.T.	春のからっ風
	ツイスト	Yellow Cab／PAPAPA／とびきりとばしてロックンロール／LADY
	D.T.	住めば都
11/28	D.T.	堕天使ロック
	山根麻衣	MIDNIGHT IN MEMPHIS／たそがれ／PRISONER／もう頰づえをつくばかり
	D.T.	もう頰づえをつくばかり

放送日	出演者	演奏曲
12/5	D.T.	鶴見ハートエイクエブリナイト
	三上寛	誰を怨めばいいのでございましょうか／三上工務店が歩く／サマータイム／夢は夜ひらく／オートバイの失恋／なかなか
	D.T.	いい子でいなさい
12/12	D.T.	鶴見ハートエイクエブリナイト
	水越けいこ	ブルースカイロンリー／MY LOVE／グッバイダイアリー
	リリィ	南十字星／涙の第三京浜
	D.T.	日和れない見過ごせない
12/19	D.T.	娼女
	TH e ROCKERS	黒い目をしてUSA／キャデラック／ショックゲーム
	子供ばんど	のら猫／お前はトラブルメーカー／サマータイムブルース
	D.T.	フロム東京バビロン
12/26	D.T.	娼女
	シャネルズ	EVERYBODY LOVES A LOVER／BAD BLOOD／HUNDRED POUND OF CLAY／陽気なTUSUN／月の渚／TONIGHT／ランナウェイ
	D.T.	マイボディ
	1981年	
1/2	ダンガンブラザーズバンド	蒲田ホンキートンク娘／ALL NIGHT PORNO MOVIE／赤坂ゲイボーイブルース
	THE MODS	ALL WAY THE PUNKS／崩れ落ちる前に／NO NO／ゴキゲンRADIO
	宇崎竜童	(ロックかわら版)
1/9	中島&ダンガン	GOOD BYE MAMA
	プラスチックス	COMPLEX／PARK／DIAMOND HEAD／CARDS／COPY
	宇崎竜童	おまわりに捧げる歌(ロックかわら版)
1/16	中島&ダンガン	GOOD BYE MAMA
	BUSINESS	うわきわきわき／痛いMy heart／断線／Gray
	THE NO COMMENT	DANCIN' FREE／SOMEBODY TO LOVE／JOB
	THE MODS	崩れ落ちる前に
	宇崎竜童	(ロックかわら版)
1/23	中島&ダンガン	SORRY BABY
	原田芳雄	レイジーレディブルース／I SAW BLUES／10 dollars Angel／Dear Mr.Blues
1/23	THE MODS	あついのを一発
	宇崎竜童	(ロックかわら版)
1/30	中島&ダンガン	Friend Ship
	アナーキー	安全地帯／タレントロボット／ヒーロー／叫んでやるぜ／カシム／ノットサティスファイド／シティー・サーファー／ジョニーB.グッド
	THE MODS	DUM DUM DUM
	宇崎竜童	(ロックかわら版)
2/13	中島&ダンガン	Friend Ship
	ARB	R&R AIRMAIL／BOYS&GIRLS／Naked Body／ダディーズ・シューズ
2/20	中島&ダンガン	いじめたりしない
	THE MODS	NO REACTION
2/20	ジョニー、ルイス&チャー	HEAD SONG／CRY LIKE A BABY／STREET INFORMATION／YOU'RE LIKE A DOLL BABY
	宇崎竜童	(ロックかわら版)
2/27	ダンガンブラザーズバンド	Swinging Train
	シーナ&ザ・ロケッツ	YOU MAY DREAM／ベイビーメイビー／SATISFACTION／ジョニー・B・グッド／ユーリアリーガットミー
	THE MODS	Chinese Rock
	宇崎竜童	(ロックかわら版)
3/6	ダンガンブラザーズバンド	EARLY MORNING RAIN
	小柴大造&エレファント	FLIGHT TIME／REVIVAL SONG／TELL ME
	THE MODS	HEY! GIRL／SHONBEN
3/13	ダンガンブラザーズバンド	EARY MORNING RAIN
	泉谷しげる	翼なき野郎ども／ええじゃないか／火の鳥／裸の街／デトロイト・ポーカー
	THE MODS	BORN TO LOSE
	宇崎竜童	(ロックかわら版)
3/20	ダンガンブラザーズバンド	EARLY MORNING RAIN
	浜田省吾	終わりなき疾走／反抗期／陽のあたる場所／明日なき世代
	THE MODS	TWO PUNKS
	宇崎竜童	(ロックかわら版)
3/27	ダンガンブラザーズバンド	EARY MORNING RAIN
	南佳孝	憧れのラジオガール／コンポジション1／涙のステラ／オンリー・ユー／スローなブギにしてくれ〜I WANT YOU〜／モンロー・ウォーク
	THE MODS	不良少年の詩
	宇崎竜童	(ロックかわら版)
4/3	ダンガンブラザーズバンド	EARY MORNING RAIN
	BOW WOW	ALCHOL／JUDAS／SEARCHING／Xボンバー発進／BABY IT'S ALRIGHT
	THE MODS	う・る・さ・い
	宇崎竜童	(ロックかわら版)
4/10	Mr.スリムカンパニー	PENALTYPENALTY／ブラッディ・メアリー／COOL JOE'S／ろくでなしのサム／DIZZY NIGHT／Don't Touch Me／TOKYO Seventeen／ROCK'N ROLL PAR-POO／一人じゃ眠れない／I'm So Pretty
4/17	Mr.スリムカンパニー	ブンブン／MELANCHOLIC／芝居じゃないぜ／SUGAR BOY／アマゾネス／腹黒ネズミ／思い出のラストダンス／PENALTY／TIGER
4/24	ダンガンブラザーズバンド	SWINGIN' TRAIN
	クリスタルキング	清々しい季節／祈り／LAST RUN／PASSION LADY
	THE MODS	いやな事さ
	D.T.F.B.B.	無風地帯
5/1	ダンガンブラザーズバンド	EARLY MORNING RAIN
	HOUND DOG	ROCK'N ROLLER／ファニーフェイス／おちょくられた夜／ナイト・トレイン／WE ARE HOUND DOG／だから大好き／ロックンロール

放送日	出演者	演奏曲
5/1	THE MODS	NO NO
	D.T.F.B.B.	川崎BLOSSOM
5/15	ダンガンブラザーズバンド	ALL NIGHT PORNO MOVIE
	子供ばんど	ロックンロール・シンガー／DREAMIN'(シーサイド・ドライブ)／ロックンロールの勲章／Jumpin' Jack Flash〜Satisfaction／ロックンロール・トゥナイト
	THE MODS	オレはルーズ
	宇崎竜童	TELL ME TRUTH
5/22	ダンガンブラザーズバンド	EARLY MORNING RAIN
	THE MODS	ONE MORE TRY
	宇崎竜童	ロック魂／ロックンロル・ウィドウ
	Double Dynamite (宇崎竜童・大木トオル)	HEY BROTHER／SHE'S MY BABY
	宇崎竜童	TELL ME TRUTH／無風地帯
5/29	ダンガンブラザーズバンド	マンボ・メイクアップ
	ヴァージンVS	ブリキ・ロコモーション／さらば青春のハイウェイ／サン・トワ・マミー／サブマリン／ロンリーローラー
	THE MODS	夜が呼んでいる
	宇崎竜童	夜行虫
6/5	HOUND DOG	おちょくられた夜
	アン・ルイス	Rock'n Roll Baby
	ジョニー、ルイス&チャー	STREET INFORMATION
	THE MODS	崩れ落ちる前に
	浜田省吾	明日なき世代
	サザンオールスターズ	いなせなロコモーション
	ARB	ダディーズ・シューズ
6/5	所ジョージ	正気の沙汰でナイト
	プラスチックス	COMPLEX
	シャネルズ	TONIGHT
6/12	子供ばんど	ロックンロール・トゥナイト
	もんた&ブラザーズ	ENDLESS RAIN
	シーナ&ザ・ロケッツ	ベイビー・メイビー
	ダンガンブラザーズバンド	EARY MORNING RAIN
	原田芳雄	DEAR Mr.BLUES
	泉谷しげる	裸の街
	PANTA&HAL	つれなのふりや
	RCサクセション	トランジスタラジオ
	宇崎竜童	無風地帯
6/19	THE MODS	※不明
6/26	ダンガンブラザーズバンド	Friend Ship
6/26	舘ひろし	思い出のデイト／ベイビー・ドール／プールサイド・スキャンダル／明日なき青春／ブルージーン・ベイビー
	THE MODS	NO REACTION
	宇崎竜童	ONE NIGHTララバイ
7/3	子供ばんど	お前はトラブルメーカー
	J-WALK	J-WALKER／JIGSAW AFTERNOON／STAND BY ME／JUST BECAUSE
	THE MODS	TWO PUNKS
	宇崎竜童	ロックンロール・ウィドウ
7/10	子供ばんど	DREAMIN'(シーサイド・ドライブ)
	サザンオールスターズ	BIG STAR BLUES／MY FOREPLAY MUSIC／朝方ムーンライト／ラッパとおじさん／MONEY／DIZZY MISS LIZZY
	THE MODS	CRAZY BEAT
	宇崎竜童	ロック魂
7/17	子供ばんど	Jumpin' Jack Flash〜Satisfaction
	新井武士	告白／SUPER POLICE MAN／OUR WHOLE／韻じゃない／すきすきソング
	THE MODS	記憶喪失
	宇崎竜童	DEAR Mr.BLUES
7/24	子供ばんど	サマータイムブルース
	所ジョージ	まったくやる気がありません／ヌギウギブギウギ／昔の車で乗ってます／君と二人で
	THE MODS	SHONBEN
	宇崎竜童	悲しきJ・O・Y
7/31	子供ばんど	ロックンロール・トゥナイト
	井上堯之&ウォーターバンド	GOMME SOME LOVEIN'／EVERLASTING LOVE-永遠の愛に-／ASCOT PARK／It's Never Too Late To Try Again／LOVE IS ONE-LOVEとけあってひとつ
	THE MODS	DUM DUM DUM
	宇崎竜童	川崎BLOSSOM
8/7	子供ばんど	のら猫
	水口晴幸	やりきれないぜ／KILL ME／FEEL BLUE ROCK'N ROLL／キメてしまえば…／LONE RIDERS
	THE MODS	ハイハイハイ
	宇崎竜童	DON'T LOOK BACK
8/14	子供ばんど	ロックンロールの勲章
	沢田研二	ストリッパー／BYE BYE HANDY LOVE／そばにいたい／DIRTY WORK／THE VANITY FACTORY／NOISE／気になるお前
	THE MODS	崩れ落ちる前に
	宇崎竜童	TELL ME TRUTH
8/21	子供ばんど	アル中ロックン・ローラー
	内田裕也&トルーマン・カポーティー・R&Rバンド	俺にはコミック雑誌なんかいらない／パンク パンク パンク／きめてやる今夜／ONE NIGHT ララバイ／今、ボブ・ディランは何を考えているか
	THE MODS	COUNTER ACTION
	宇崎竜童	ロックンロール・ウィドウ
8/28	子供ばんど	がんばれ子供ばんど
	佐野元春&HEARTLAND	WELCOME TO THE HEARTLAND／彼女はデリケート／悲しきRADIO／夜のスインガー

放送日	出演者	演奏曲
8/28	THE MODS	CRAZY BEAT
	宇崎竜童	ロック魂
9/4	子供ばんど	ロックンロール・シンガー
	Jap's Gap's	TOKYO TOWER／PLEASE／LADY BACK／メリージェーン
	THE MODS	DO THE MONKEY
	宇崎竜童	炎の女
9/11	子供ばんど	キャプテン・キッド
	THE MODS	熱いのを一発
	D.T.	We Are Down Town Street Fighting Boogie Woogir Ban／何度目かのダウン／JUST ONE MORE TIME／住めば都／マイボディ
9/18	子供ばんど	サマータイム・ブルース
	タモリ&THE SQUARE	狂い咲きフライディ・ナイト／ジャズ・ロック・メドレー
	THE MODS	ゴキゲンRADIO
	宇崎竜童	GOING MY WAY
9/25	柳ジョージ&レイニーウッド	ハーバー・フリーウェイ／ゴールドの鍵／僕のベイビーに何か？／ツイストで踊り明かそう／サタデーナイト・グッドタイムロール／さらばミシシッピー／酔って候
	D.T.F.B.B	YELLOW ROCKER TIRED
10/2	子供ばんど	アル中ロックンローラー
10/2	クリエーション	LONELY HEART／HELLO アップル・ヒップ／TOKYO SALLY／NEW YORK WOMAN SERENADE
	THE MODS	夜が呼んでいる
	宇崎竜童	鶴見ハートエイクエブリナイト
10/9	THE MODS	オレはルーズ
	エイプリル・バンド	ラスト・レディ／SOUTHERN ROUTE／チャック・ベリーの休日
10/9	ザ・ルースターズ	DISSATICFACTION／FADE AWAY／DAN DAN／WE WANNA GET EVERYTHING／恋をしようよ
	D.T.F.B.B	JUST ONE MORE TIME
10/16	子供ばんど	サマータイム・ブルース
	PANTA	裸足のボニータ／悲しみよ　ようこそ／思い出のラブ・ソング
	THE MODS	FEEL SO GOOD
	D.T.F.B.B	We Are Down Town Street Fighting Boogie Woogir Band
10/23	子供ばんど	ブタ箱ブギウギ
	葛城ユキ	柳のように／風の彼方に／SAME OL'ROCKN' ROLL／WHEN A MAN LOVES A WOMAN
	THE MODS	ご・め・ん・だ・ぜ
	宇崎竜童	GOING MY WAY
10/30	子供ばんど	おまえのことばかり
	THE MODS	TOMORROW NEVER COMES
	山下久美子	SO YOUNG／雨の日は家にいて／とりあえずニューヨーク／恋のミッドナイトDJ／酒とバラ
	D.T.F.B.B	シャブシャブパーティ／何度目かのダウン
11/6	D.T.F.B.B	何度目かのダウン
	PANTA	悲しみよ　ようこそ
	THE MODS	ゴキゲンRADIO
	所ジョージ	君と二人で

放送日	出演者	演奏曲
11/6	舘ひろし	ブルージーンベイビー
	J-WALK	JUST BECAUSE
	井上堯之	LOVE IS ONE～LOVEとけあってひとつ～
	葛城ユキ	風の彼方に
	クリエーション	LONELY HEART
	RC サクセション	雨あがりの夜空に
11/13	子供ばんど	ブタ箱ブギウギ
	ザ・ルースターズ	DAN DAN
	サザンオールスターズ	MY FOREPLAY MUSIC
	Jap's Gap's	PLEASE
	タモリ	狂い咲きフライディナイト
	山下久美子	雨の日は家にいて
	佐野元春	夜のスインガー
	柳ジョージ	ツイストで踊り明かそう
	沢田研二	ストリッパー
	宇崎竜童	炎の女
11/20	THE MODS	※不明
11/27	白竜	※不明
12/4	D.T.F.B.B	TOKYO豚
	子供ばんど	ジャイアントマンのテーマ／ブタ箱ブギウギ／Jumpin' Jack Flash～Satisfaction／踊ろうじゃないか
12/11	子供ばんど	Rock&Rollハリケーン
	ツイスト	SHAKE／銃爪／SWEET LITTLE DANCING／SET ME FREE／燃えろいい女／知らんぷり
12/11	D.T.F.B.B	鶴見ハートエイクエブリナイト
12/18	D.T.F.B.B	We Are Down Town Street Fighting Boogie Woogir Band
	RC サクセション	ガ・ガ・ガ・ガ・ガ／あの娘のレター／多摩蘭坂／JOHNNY BLUE
	エディ藩	横浜ホンキートンクブルース
12/25	D.T.F.B.B	マイボディ
	RC サクセション	ダーリンミシン／雨あがりの夜空に／トランジスタ・ラジオ／スローバラード／気持ちE
	エディ藩	横浜ホンキートンクブルース
1982年		
1/1	子供ばんど	ジャイアントマンのテーマ
	シャネルズ	夢見る16歳／愛しのシェビー'57／GOING BACK TO INDIANA／ラブ・ミー・ドゥ／CAN'T STOP／GOOD NIGHT SWEET HEART
	D.T.F.B.B	九月の冗談クラブバンド
1/8	宇崎竜童	炎の女
	子供ばんど	Rock&Rollハリケーン
	ヴィーナス	カラーに口紅／TRICKLE TRICKLE／あなたとTELEPHONE LOVER／恋のしあげはPOPSICLE／PEPPERMINT LOVE／キッスは目にして
1/15	子供ばんど	ブタ箱ブギウギ
	宇崎竜童	B級パラダイス
	TROUBLE	Yakimoki Baby／悲しきショッキング・ブルー／ハートブレイク・スナック／ Mr. Rickenbacker／Good Old Rock'n Roll

放送日	出演者	演奏曲
1/15	Black Cats	TUTTI FRUTTI／ランデブー／SHAKE RATTLE&ROLL／ジニー・ジニー・ジニー／ブルー・スェード・シューズ
1/22	宇崎竜童	炎の女
	泉洋次&スパンキー	恋は航海／光と影のバラード／あこがれのRock'n Roller
	和田静男&045	MEMORY／Bring it on home to me／MORNING TWILIGHT
	子供ばんど	ママは最高
1/29	上田正樹	※不明
2/5	子供ばんど	TOKYOダイナマイト
	J-WALK	夕陽にGood-bye／MORNING GLOW／We Play Rock'n Roll／JOE
	宇崎竜童	炎の女
2/12	子供ばんど	ターザンの逆襲
2/12	HOUND DOG	Bye Bye Dancin' Blue Suede Shoes／浮気なパレット・キャット／ANYWAY／おちょくられた夜／BACK STREET／HOT LINE
	宇崎竜童	TATTOOあり
2/19	子供ばんど	のら猫
	シーナ&ザ・ロケッツ	DEAD GUITAR／プロポーズ／レモン・ティー／ONE MORE TIME／I LOVE YOU
	宇崎竜童	ハッシャバイ・シーガル
2/26	子供ばんど	ちゃんばらロックンロール
	BORO	雨よ心に／外はかげろう／天国は遠くの町／マジック・ドリンク／屋根の上の猫
2/26	宇崎竜童	B級パラダイス
3/5	子供ばんど	ロックンロール・トゥナイト
	エディ藩	BACK TO CHINA TOWN／EVERY LONELY NIGHT／横浜ホンキートンク・ブルース
	TENSAW	DELICATE MOTION／SHOGYO MUSIC／SENSATION
	宇崎竜童	ハッシャバイ・シーガル
3/12	子供ばんど	TOKYOダイナマイト
	所ジョージ	銀座アンノン娘／皮のジャンパー
	もんた&ブラザーズ	NOBODY KNOWS／GET ME LIFE／DESIRE／KEEP ON ROLLIN'／KOBE
	宇崎竜童	TATTOOあり
3/19	子供ばんど	ツイスト・アンド・シャウト
	宇崎竜童	ハッシャバイ・シーガル
	山下久美子	HELP ME／赤道小町ドキッ／SO YOUNG／恋のミッドナイトDJ／酒とバラ
	所ジョージ	ミミソラソ／銀座アンノン娘
3/26	山本達彦	※不明
4/4	サザンオールスターズ	※不明
4/11	RCサクセション	ダーリンミシン
	上田正樹	THROUGH THE NIGHT
	THE MODS	ごきげんRADIO
	山下久美子	赤道小町ドキッ
	宇崎竜童	ハッシャバイ・シーガル
	ツイスト	SET ME FREE
	山本達彦	MAN+WOMAN=100%

放送日	出演者	演奏曲
4/11	HOUND DOG	浮気なパレット・キャット
4/18	シャネルズ	ラブ・ミー・ドゥ
	子供ばんど	ジャイアントマンのテーマ
	シーナ&ザ・ロケッツ	I LOVE YOU
	宇崎竜童	TATTOOあり
	BORO	雨よ心に
	白竜	走るぜ
	J-WALK	MORNING GLOW
	もんた&ブラザーズ	KOBE
4/18	サザンオールスターズ	チャコの海岸物語
4/25	子供ばんど	Rock And Rollフー・チー・クー
	カルメン・マキ&5X	DOWN TO PIECES／黒い夢／MOVIN' ON／TOKYO ROCK'N ROLLERS
	宇崎竜童	鶴見ハートエイクエブリナイト
5/2	宇崎竜童	雨の殺人者
	子供ばんど	アル中ロックンローラー／サマータイム・ブルース／DREAMIN'(シーサイド・ドライブ)／Rock And Rollフー・チー・クー
	宇崎竜童	ハッシャバイ・シーガル
5/9	宇崎竜童	※不明
5/16	子供ばんど	ロックンロール・トゥナイト
	BOW WOW	WE ARE BOW WOW／IN MY IMAGE／ROCK'N ROLL TONIGHT／ROLLIN' FREE／Getting Back On The Road／DEVIL WOMAN
	宇崎竜童	TATTOOあり
5/23	子供ばんど	がんばれ子供ばんど
	THE MODS	NO REACTION／ご・め・ん・だ・ぜ／CRAZY BEAT／DO THE MONKEY／ゴキゲンRADIO／TWO PUNKS
	宇崎竜童	TATTOOあり
5/30	宇崎竜童	TATTOOあり
	子供ばんど	ツイスト・アンド・シャウト
	PINK CLOUD	EVERYDAY EVERINIGHT／ONLY FOR LOVE／IN MY POCKET／MISSING YOU／SMOKY
6/6	宇崎竜童	JAPANESE DOLL
	BAKER SHOP BOOGIE	ミッドナイト・ヘビー・ドランカー／We Are BAKER SHOP BOOGIE／BROTHER
	円道一成	Midnight Runnin'／Don't Take My Love Anyway／Sweet Little Lana
	子供ばんど	TOKYOダイナマイト
6/13	子供ばんど	おまえのことばかり
	三好鉄生	アイ・ラブ・ユー　この街／涙をふいて／恋の特急便／恋の大穴
	伊藤聖史	ザッツ・オールライト／恋の大穴／プレスリー・メドレー(ハートブレイク・補綴～オール・シュック・アップ～監獄ロック～ハウンド・ドッグ)／盗んだキッスはドッキリ甘いぜ
	宇崎竜童	SLASH
6/20	宇崎竜童	TATTOOあり
	子供ばんど	DREAMIN'(シーサイド・ドライブ)
	ビートたけし	BIGな気分で唄わせろ／夜につまづき／ハード・レインで愛はズブヌレ／翼なき野郎ども

放送日	出演者	演奏曲
6/27	子供ばんど	TOKYOダイナマイト
	ARB	SIX SEX SAX／いかれちまったぜ／クレイジー・ラブ／ウィスキー&ウォッカ／空を突き破れ／Tokyo Cityは風だらけ
	宇崎竜童	雨の殺人者
7/4	宇崎竜童	TATTOOあり
	子供ばんど	ロックンロール・トゥナイト
	アン・ルイス with THE ROLL UPS	CAN I BRING YOU LOVE／ALONE IN THE DARK／LOST IN HOLLYWOOD／CLUMSY BOY／ラ・セゾン
7/11	原田芳雄	※不明
7/18	宇崎竜童	JAPANESE DOLL
	子供ばんど	DREAMIN'(シーサイド・ドライブ)
	東京JAP	スタンバイOK!／What Are You Saying?／TO MY HEAD／ティナ／ギブ・ミー・チョコレート／ジャップス・シャウト
7/25	子供ばんど	Jumpin' Jack Flash～Satisfaction
	村田和人	電話しても／LADY SEPTEMBER／終わらない夏／GREYHOUND BOOGIE
	角松敏生	YOKOHAMA TWILIGHT TIME／SPACE SCRAPER／FRIDAY TO SUNDAY／Still,I'm In Love With You
7/25	宇崎竜童	SLASH
8/1	子供ばんど	ROCK&ROLL SINGER
	ジョニー大倉	バラに向かってひた走れ／その日の朝／はかない夢／死と破壊(LIVE LE IT DIE!)／どてっ腹ブルース／TAKE ME AWAY
	宇崎竜童	TATTOOあり
8/8	子供ばんど	サマータイム・ブルース
	中山ラビ	港町情話／スローモーション／MUZAN／グッバイ上海
	リリィ	夢であいましょう／モダン・ロマンス／YOU
	宇崎竜童	SOUTHERN WIND
8/15	ビートたけし	BIGな気分で唄わせろ
	カルメン・マキ&5X	MOVIN' ON
	三好鉄生	涙をふいて
	PINK CLOUD	EVERYDAY EVERINIGHT
	子供ばんど	ロックンロール・トゥナイト
	宇崎竜童	TATTOOあり
	BAKER SHOP BOOGIE	ミッドナイト・ヘビー・ドランカー
	山下久美子	赤道小町ドキッ
8/22	ARB	クレイジー・ラブ
	THE MODS	TWO PUNKS
	BOW WOW	ROCK'N ROLL TONIGHT
	宇崎竜童	PRETENDER
	子供ばんど	サマータイム・ブルース
	アン・ルイス	ラ・セゾン
	伊藤聖史	盗んだキッスはドッキリ甘いぜ
	サザンオールスターズ	チャコの海岸物語
8/29	白竜	※不明
9/5	THE MODS	※不明
9/12	子供ばんど	DREAMIN'(シーサイド・ドライブ)
	WEEKIDS	WATER COLOR／もっと強いジンをくれ／WOMAN'S RHAPSODY
	THE WOODS	PASSION STREET／LONELINESS／ISN'T SHE LOVELY
	宇崎竜童	ロックンロール・ウィドウ
9/19	子供ばんど	※不明
9/26	宇崎竜童	住めば都
	HOUND DOG	トラブル・メーカー／クレイジー・ナイト／涙のBIRTHDAY／BABY BLUE／ファニー・フェイス／だから大好きロックンロール
	ドラマティック50's	Rock'n Roll Crazy
	宇崎竜童	B級パラダイス
10/3	ジョー山中	※不明
10/10	三好鉄生	※不明
10/17	三好鉄生	どうやらここまで
	ZELDA (サポート:モモヨ)	密林伝説／Ashu-Lah／ミラージュ・ラヴァー／エスケイプ
10/17	ぴかぴか	スピード・アップ／ウィンター／リバプール大好き／恋のヒッピー・ヒッピー・シェイク
	宇崎竜童	PRETENDER
10/24	葛城ユキ	※不明
10/31	三好鉄生	Thank You,Baby
	スクーターズ	あたしのヒート・ウェイブ／東京ディスコナイト
	ヴィーナス	アップル・パイ・メドレー(アップル・パイは恋の味～思い出の冬休み～カラーに口紅～大人になりたい)／恋はくせもの／S・O・S／さよならはダンスの後に
	SPOONY	Touch Me
	宇崎竜童	ノックは無用
11/7	三好鉄生	涙をふいて
	佐野元春	WELCOME TO HEARTLAND／彼女はデリケート／ROCK'N ROLL NIGHT／アンジェリーナ
	宇崎竜童	※不明
11/14	三好鉄生	愛という名の旅
	RC サクセション	STEP!／トラブル／エリーゼのために／つ・き・あ・い・た・い／恐るべきジェネレーションの違い(Oh!Ya!)
	宇崎竜童	雨の殺人者
11/21	三好鉄生	アイ・ラブ・ユー　この街
	福島邦子	涙のTOKYOハイウェイ／あ・し・あ・と／騙して愛して／無為遊戯(ブギウギ)
	白井貴子	WEEKEND／kimagure／LOVER BOY／SOMEDAY／夢中大好き
	宇崎竜童	無風地帯
11/28	三好鉄生	果てしなき愛
	シャネルズ	EVERYBODY LOVES A LOVER／恋は命がけ／マイ・ラブ／ミッドナイト・ベイ・ブルース／Yeah! Yeah! Yeah!／憧れのスレンダー・ガール
	宇崎竜童	SLASH
12/5	山下久美子	※不明
12/12	三好鉄生	どうやらここまで

放送日	出演者	演奏曲
12/12	BOW WOW	YOU'RE MINE／異常気象(ABNORMAL WEATHER)／CLEAN MACHINE／CAN'T GET BACK TO YOU／BOW WOWのテーマ
	宇崎竜童	炎の女
12/19	三好鉄生	夕陽に向かって
12/19	ARB	魂こがして／TokyoCityは風だらけ／さらば相棒／Heavy Days／ウィスキー&ウォッカ／喝！
	宇崎竜童	愚かしくも愛おしく
12/26	三好鉄生	愛という名の旅
	黒住憲五	Rainy2･4･6／My Sweet Lady／Losing You
	スターダスト･レビュー	What A Nite!／噂のアーパー・ストリート／シュガーはお年頃／GOOD-BYE, MY LOVE
	恥怖	Lady
	宇崎竜童	ロックンロール・ウィドウ
1983年		
1/2	三好鉄生	Thank you,Baby
1/2	もんた&ブラザーズ	GL'ME WINGS／熱い誘惑／心のママに／JUST YOU／闇夜の翔時間(ショータイム)／DESIRE／BURNING
	宇崎竜童	B級パラダイス
1/9	宇崎竜童	川崎BLOSSOM
	三好鉄生	ベイビー・キャロル／朝日の街角／涙をふいて／どうやらここまで／夕日に向かって／愛という名の旅
	宇崎竜童	住めば都
1/16	HOUND DOG	ファニー・フェイス
	ARB	TokyoCityは風だらけ
	THE MODS	Let's Go Garage
	スターダスト･レビュー	噂のアーパー・ストリート
	ヴィーナス	アップル・パイ・メドレー(アップル・パイは恋の味～思い出の冬休み～カラーに口紅～大人になりたい)
	子供ばんど	ロックンロール・トゥナイト
	もんた&ブラザーズ	JUST YOU
	山下久美子	マラソン恋女(ウーマン)
	宇崎竜童	ロックンロール・ウィドウ
1/23	RCサクセション	恐るべきジェネレーションの違い(Oh!Ya!)
	三好鉄生	夕陽に向かって
	BOW WOW	YOU'RE MINE
	葛城ユキ	沖縄Aサイン・ブルース

放送日	出演者	演奏曲
1/23	宇崎竜童	愚かしくも愛おしく
	シャネルズ	Yeah! Yeah! Yeah!
	白竜	夜にほえろ
	佐野元春	アンジェリーナ
1/30	東京JAP	ヴィンテージ・スタイル／THAT'S R&R／ダイナマイト・サン／Lady しの／黙恋(シークレット・ラブ)／バン・バン・バン／Check Check Check／RUNAWAY JAP
	宇崎竜童	B級パラダイス
2/6	タンゴ・ヨーロッパ	恋した女のイマジネーション／乙女の純情／Honeymoon In Miyazaki／愛のゆびきり
	M-BAND	恋のパイプ／ハーバーライト物語(ストーリー)／涙でグッバイ／ハートブレイク
	宇崎竜童	川崎BLOSSOM
2/13	宇崎竜童	ノックは無用
	子供ばんど	TOKYOダイナマイト／自立への道／さよならBOY／ミッドナイト・キッド／ジュークボックスRock'n Roller／ROCK AND ROLL SINGER／ジャイアントマンのテーマ
	宇崎竜童	雨の殺人者
2/20	宇崎竜童	TATTOOあり
	桑名将大	LADY SNIPER／SHINING STAR／STAY THE NIGHT／TOGETHER AND FREE／WISHING WELL
	マドリッド	SILENT
	宇崎竜童	PRETENDER
2/27	宇崎竜童	横浜MY SOUL TOWN
	PINK CLOUD	APPLE JUICE／WOULD YOU LIKE IT／SUNSET BLUES／PARADISE／からまわり／FIN GER
2/27	KENMI-MISSTONES	家に帰ろう
	宇崎竜童	愚かしくも愛おしく
3/6	宇崎竜童	SLASH
	朝倉紀幸&Gang	STAY／予感(Kill My Heart)／キャロライン
3/6	BORO with 速水清司グループ	パントマイムの昼下がり／ネグレスコ・ホテル／屋根の上の猫
	宇崎竜童	炎の女
3/13	THE MODS	※不明
3/20	宇崎竜童	※不明
3/27	最終回※出演者不明	※不明

『ライブトマト』

放送日	出演者
1986年	
11/6	HOUND DOG／RED WORRIORS
11/13	RED WORRIORS／白井貴子&CRAZY BOYS
11/20	RED WORRIORS／大沢誉志幸
11/27	RED WORRIORS／UP-BEAT／ECHOES
12/4	RED WORRIORS／渡辺美里
12/11	RED WORRIORS／小松康伸／久保田利伸
12/18	米米CLUB
12/25	RED WORRIORS／横山輝一／SHOW-YA
1987年	
1/1	小山卓治／バービーボーイズ
1/8	小山卓治／RED WORRIORS
1/15	小山卓治／ザ・ストリート・スライダーズ
1/22	小山卓治／爆風スランプ
1/29	小山卓治／BE-MODERN
2/5	浜田麻里
2/12	渡辺美里／ザ・ストリート・スライダーズ／白井貴子&CRAZY BOYS／HOUND DOG
2/19	RED WORRIORS／久保田利伸／バービーボーイズ／大沢誉志幸
2/26	PEARL／ARB
3/5	PEARL／ちわきまゆみ／THE 東南西北
3/12	PEARL／TM NETWORK
3/19	PEARL／安藤秀樹／種ともこ
3/26	PEARL／UP-BEAT／小比類巻かほる
4/2	UP-BEAT／佐野元春 with THE HEARTLAND
4/9	UP-BEAT／中原めいこ
4/16	UP-BEAT／THE SQUARE
4/23	レピッシュ／FUZZ／A-JARI／DER ZIBET／TV／THE SHAKES
4/30	フェビアン／PSY·S 、ゲスト：SION／PINK、ゲスト：ちわきまゆみ
5/7	岡村靖幸／LOOK
5/14	久保田利伸
5/21	岡村靖幸／スターダスト・レビュー
5/28	岡村靖幸／パール兄弟／RED WORRIORS
6/4	RCサクセション
6/11	松岡英明／斉藤さおり
6/18	PEARL／小比類巻かほる／中原めいこ／LOOK
6/25	TM NETWORK／久保田利伸／佐野元春 with THE HEARTLAND
7/2	ECHOES
7/9	岡村靖幸／鈴木聖美
7/16	ARB
7/23	宮原学／織田哲郎&WILD LIFE／ZELDA
7/30	RED WORRIORS／UP-BEAT
8/6	TOPS／ザ・ストリート・スライダーズ
8/13	ROGUE／白井貴子&CRAZY BOYS
8/20	ROGUE／DER ZIBET／ザ・ルースターズ

放送日	出演者
8/27	ROGUE／レベッカ
9/3	レベッカ
9/10	ROGUE／シーナ&ザ・ロケッツ
9/17	INAZUMA SUPER SESSION／ザ・ブルーハーツ／甲斐よしひろ
9/24	ザ・ブルーハーツ／PINK
10/1	ザ・ブルーハーツ／大沢誉志幸
10/8	米米CLUB
10/15	THE MODS／フェンス・オブ・ディフェンス／千年コメッツ
10/22	THE MODS／中村あゆみ
10/29	THE MODS／VOW WOW
11/5	THE MODS／EPO
11/12	HOUND DOG／種ともこ
11/19	爆風スランプ／種ともこ
11/26	PEARL／プリンセス・プリンセス
12/3	PERSONZ／MELON／ちわきまゆみ
12/10	吉川晃司／MELON
12/17	レピッシュ／小比類巻かほる
12/24	LOOK／レピッシュ
12/31	エル・タバスコス／鈴木聖美／鈴木聖美＋大沢誉志幸／鈴木聖美＋大沢誉志幸＋鈴木雅之／本田美奈子
12/10	吉川晃司／MELON
12/17	レピッシュ／小比類巻かほる
12/24	LOOK／レピッシュ
12/31	エル・タバスコス／鈴木聖美／鈴木聖美＋大沢誉志幸／鈴木聖美＋大沢誉志幸＋鈴木雅之／本田美奈子
1988年	
1/7	DER ZIBET／ちわきまゆみ／プリンセス・プリンセス／ザ・ルースターズ／フェンス・オブ・ディフェンス／BE-MODERN／PERSONZ／PINK
1/14	バービーボーイズ／BUCK-TICK
1/21	BUCK-TICK／ザ・プライベーツ／BE-MODERN
1/28	BUCK-TICK／UP-BEAT
2/4	BUCK-TICK／ユニコーン／QUJIRA
2/11	レベッカ／VOW WOW／EPO／大沢誉志幸／RCサクセション
2/18	ROGUE／吉川晃司／中村あゆみ／米米CLUB／爆風スランプ／HOUND DOG
2/25	アースシェイカー
3/3	DER ZIBET／鬼頭径五
3/10	佐木伸誘／TM NETWORK
3/17	佐木伸誘／PSY·S
3/24	Right-Stuff／SHOW-YA
3/31	Right-Stuff／RED WARRIORS
4/7	柴山俊之／柴山俊之＋ちわきまゆみ／柴山俊之＋西田昌史／ジョニー・サンダース
4/14	PANTA／仲野茂
4/21	聖飢魔II／Right-Stuff
4/28	Right-Stuff／プリンセス・プリンセス
5/5	SANTA／新井正人／池田政典／横山輝一
5/12	篠原太郎／斎藤誠／鈴木雄大

放送日	出演者
5/19	THE HEART／鬼頭径五／PEARL
5/26	ユニコーン／BUCK-TICK
6/2	RCサクセション、ゲスト：金子マリ／GO-BANG'S
6/9	GO-BANG'S／泉谷しげる& LOSER
6/16	GO-BANG'S／ARB
6/23	GO-BANG'S／子供ばんど
6/30	岡村靖幸／アン・ルイス
7/7	岡村靖幸／関口誠人／松岡英明
7/14	岡村靖幸／スターダスト・レビュー
7/21	岡村靖幸／BOX
7/28	De+LAX／プリンセス・プリンセス／BUCK-TICK
8/4	THE PEPPER BOYS／ザ・プライベーツ／ユニコーン
8/11	SUPER BAD／UP-BEAT
8/18	金山一彦／ザ・ルースターズ
8/25	金山一彦／大沢誉志幸
9/1	金山一彦／ECHOES
9/8	岡村靖幸／DER ZIBET／フェンス・オブ・ディフェンス／SHOW-YA／聖飢魔II／バービーボーイズ／TM NETWORK
9/15	鬼頭径五／Qujira／アースシェイカー／斎藤誠／THE ROCK BAND／ザ・ルースターズ／泉谷しげる&LOSER
9/22	松下里美／プリンセス・プリンセス
9/29	プリンセス・プリンセス
10/6	爆風スランプ
10/13	田中一郎／横山輝一
10/20	ユニコーン
10/27	UP-BEAT
11/3	アンジー／VOW WOW
11/10	浜田麻里
11/17	渡辺美里
11/24	米米CLUB
12/1	ザ・プライベーツ／佐木伸誘／フェンス・オブ・ディフェンス
12/8	ザ・プライベーツ／久保田利伸
12/15	ザ・プライベーツ／THE HEART／永井真理子
12/22	THE BOOM／ジュンスカイウォーカーズ／RED WARRIORS
12/29	LINE UP／THE TOYS／THE HEART／GRASS VALLEY／ZIGGY／UP-BEAT／THE PEPPER BOYS／ザ・シャムロック／ジュンスカイウォーカーズ／ザ・ストリート・ビーツ／氷室京介／De+LAX／BUCK-TICK／BE-MODERN+SUPER BAD／ザ・プライベーツ+ユニコーン／ユニコーン+エレファントカシマシ
1989年	
1/5	THE TOYS／バービーボーイズ
1/12	THE TOYS／バービーボーイズ
1/19	THE TOYS／THE MODS
1/26	THE TOYS／BE-MODERN／レピッシュ
2/2	GRASS VALLEY／PEARL／TETSU 100%
2/9	アンジー／ザ・プライベーツ／田中一郎／UP-BEAT／渡辺美里／爆風スランプ
2/16	VOW WOW／浜田麻里／ユニコーン／米米CLUB／大沢誉志幸／プリンセス・プリンセス／久保田利伸
2/23	ザ・ストリート・ビーツ／甲斐よしひろ
3/2	ザ・ストリート・ビーツ／聖飢魔II
3/9	SHOW-YA

放送日	出演者
3/16	ザ・ストリート・ビーツ／ZIGGY
3/23	PERSONZ
3/30	LINE-UP／THE BOLD／CUTTING EDGE／MAD GANG／ROLLIE
4/6	大沢誉志幸
4/13	ジュンスカイウォーカーズ
4/20	ECHOES
4/27	松下里美／プリンセス・プリンセス
5/4	松下里美／松岡英明
5/11	松下里美／GRASS VALLEY
5/18	COME ON BABY／HOUND DOG
5/25	COME ON BABY／HOUND DOG
6/8	BLUE ANGEL／Jiaen／JETZT／THE BOOM／GARLIC BOYS／The Wells／BO GUMBOS／COME ON BABY
6/15	ザ・プライベーツ
6/22	GRAND PRIX／PSY・S
6/29	GRAND PRIX／GO-BANG'S
7/6	GRAND PRIX／ユニコーン
7/13	GRAND PRIX／ROGUE
7/20	TRACY／KABACH／THE BOLD／MODEL-GUN／Reg-Wink／GEN
7/27	フェビアン／レベッカ
8/3	フェビアン／レベッカ
8/10	ジュンスカイウォーカーズ／プリンセス・プリンセス／PERSONZ／松岡英明／GRASS VALLEY／THE BOOM／ROLLIE／PSY・S／大沢誉志幸
8/17	ZIGGY／GO-BANG'S／聖飢魔II／ザ・プライベーツ／BO GUMBOS／BE-MODERN／THE MODS／HOUND DOG／甲斐よしひろ
8/24	東京少年／RED WARRIORS
8/31	坂本龍一
9/7	東京少年／スターダスト・レビュー
9/14	東京少年／種ともこ
9/21	G.D. FLICKERS／De+LAX
9/28	THE REBELS／THE MAGNETS／DEVILS／SOFT BALLET／すかんち／ROLLIE
10/5	TV-WILDINGS／松岡英明
10/12	TV-WILDINGS／PEARL
10/19	TV-WILDINGS／ARB
10/26	TV-WILDINGS／UP-BEAT
11/2	SHADY DOLLS／ザ・ストリート・ビーツ／THE BOOM
11/9	SHADY DOLLS／大江慎也／STALIN
11/16	SHADY DOLLS／アースシェイカー
11/23	SHADY DOLLS／米米CLUB
11/30	"Heart Beat Parade" 総集編
12/7	"Heart Beat Parade" 総集編
12/14	安藤秀樹／PERSONZ
12/21	安藤秀樹／レピッシュ
12/31	ROGUE／SOFT BALLET／SHADY DOLLS／KATZE／De+LAX／ジッタリン・ジン／THE BOOM／The Wells／GEN／JETZT／THE MAGNETS／GARLIC BOYS／MODEL-GUN／MAD GANG／Reg-Wink／KABACH／すかんち／ザ・プライベーツ／ZIGGY／ジュンスカイウォーカーズ／GO-BANG'S／アンジー／ザ・ストリート・ビーツ／ユニコーン

放送日	出演者
1990年	
1/4	安藤秀樹／フェビアン／レベッカ
1/11	安藤秀樹／Les VIEW／松下里美／佐木伸誘
1/18	Theピーズ／横道坊主／DEAD END
1/25	Theピーズ／KATZE
2/1	Theピーズ／PSY・S、ゲスト：SION
2/8	坂本龍一／RED WARRIORS／STALIN／THE BOOM／UP-BEAT／ARB
2/15	米米CLUB／SHADY DOLLS／De+LAX／ザ・ストリート・ビーツ／PERSONZ／レピッシュ／レベッカ
2/22	※不明
3/1	GEN／フェンス・オブ・ディフェンス
3/8	GEN／ZIGGY
3/15	GEN／BUCK-TICK
3/22	GEN／カステラ
3/29	高野寛／ザ・プライベーツ
4/5	高野寛／THE真心ブラザーズ／The Wells
4/12	高野寛／GO-BANG'S
4/19	高野寛／SHADY DOLLS
4/26	NIGHT HAWKS／バービーボーイズ
5/3	NIGHT HAWKS／VOW WOW
5/10	NIGHT HAWKS／筋肉少女帯
5/17	NIGHT HAWKS／FLYING KIDS
5/24	井口一彦／Han-na／友部正人／THE BOOM／世良公則
5/31	COBRA／X
6/7	COBRA／KATZE
6/14	COBRA／NEW DAYS NEWZ／TRACY／THE MAGNETS
6/21	COBRA／Reg-Wink／SPARKS GO GO／ザ・グレートリッチーズ
6/28	ジュンスカイウォーカーズ
7/5	ジュンスカイウォーカーズ
7/12	COME ON BABY／DIAMOND☆YUKAI
7/19	COME ON BABY／聖飢魔II
7/26	COME ON BABY／COBRA
8/2	COME ON BABY／ARB
8/9	鬼頭径五／THE HEART／片桐麻美／宮原学／桑名正博
8/16	※不明
8/23	※不明
8/30	DIAMOND☆YUKAI／横道坊主／THE POGO
9/6	FLYING KIDS／GEN／高野寛／SOFT BALLET／PSY・S／BUCK-TICK／バービーボーイズ／筋肉少女帯
9/13	筋肉少女帯／SHADY DOLLS／GO-BANG'S／聖飢魔II／VOW WOW／KATZE／ジュンスカイウォーカーズ／THE MODS／ARB
9/20	PJ with SLY&ROBBIE／THE BOOM
9/27	PJ with SLY&ROBBIE／GRASS VALLEY
10/4	THE FUSE／SHOW-YA
10/11	THE FUSE／爆風スランプ
10/18	THE FUSE／THE MODS
10/25	THE FUSE／THE MINKS／アンジー
11/1	DOVE／ザ・ブルーハーツ
11/8	DOVE／UP-BEAT
11/15	DOVE／ARB
11/22	DOVE／CRACK THE MARIAN／THE STRUMMERS／大江慎也／THE POGO
11/29	THE BELL'S／氷室京介／KATZE
12/6	THE BELL'S／PERSONZ
12/13	SPARKS GO GO／倉持バンド from真心ブラザーズ／竜巻のピー from AURA／子れっず from AURA／宮尾すすむと日本の社長／フェンス・オブ・ディフェンス
12/20	フレデリック／片桐麻美／鈴木祥子／くじら＋鈴木祥子／渡辺麻里奈／小川美潮／鈴木祥子＋片桐麻美＋小川美潮／バブルガム・ブラザーズ／大橋純子／大橋純子＋バブルガム・ブラザーズ
12/27	平山雄一&大友康平
1991年	
1/3	THE BELL'S／FLYING KIDS
1/10	THE BELL'S／久保田利伸
1/17	THE MODS／KATZE／PERSONZ／ザ・ブルーハーツ／THE BOOM／爆風スランプ／ARB
1/24	GRASS VALLEY／UP-BEAT／SHOW-YA／久保田利伸
1/31	ザ・ストリート・スライダーズ
2/7	PSY・S
2/14	遊佐未森とソラミミ楽団
2/21	GEN／The Wells
2/28	Ground Nuts／すかんち
3/7	電気グルーヴ／MUSTANG A.K.A.／SKAFUNK／16TONS
3/14	カステラ
3/21	SUE CREAM SUE／米米CLUB
3/28	米米CLUB
4/4	THE BLANKY JET CITY／TRACY
4/11	THE SHAKES／GO-BANG'S
4/18	THE SHAKES／東京少年
4/25	COBRA
5/2	THE SHAKES／BO GUMBOS
5/9	THE BLANKY JET CITY／DOVE／LADIES ROOM
5/16	THE BLANKY JET CITY／SOFT BALLET
5/23	THE BLANKY JET CITY／the pillows／SPARKS GO GO
5/30	ジュンスカイウォーカーズ
6/6	ジュンスカイウォーカーズ
6/13	THE BLANKY JET CITY／東京スカパラダイスオーケストラ
6/20	RIO／レピッシュ
6/27	RIO／SION
7/4	RIO／ザ・プライベーツ
7/11	THE MODS
7/18	HUSLE MUSCLE／ACOUSTIC／DIXIE SLICKERS／第3期岡本様ブラザーズ／アンジー
7/25	東京少年／ECHOES／KATZE／THE BLANKY JET CITY／FISHMANS／MARCHOSIAS VAMP／SOFT BALLET／HEATWAVE／東京スカパラダイスオーケストラ
8/1	FISHMANS／dip in the pool
8/8	横道坊主／UP-BEAT
8/15	横道坊主／フェンス・オブ・ディフェンス
8/22	MARCHOSIAS VAMP

放送日	出演者
8/29	ジュンスカイウォーカーズ／SPARKS GO GO／UP-BEAT／遊佐未森とソラミミ楽団／PSY・S／フェンス・オブ・ディフェンス／レピッシュ／東京スカパラダイスオーケストラ／米米CLUB
9/5	THE MODS／THE BLANKY JET CITY／THE SHAKES／ザ・プライベーツ／GO-BANG'S／COBRA／SION／BO GUMBOS／ザ・ストリート・スライダーズ
9/12	The Wells／ORIGINAL LOVE
9/19	The Wells／FLYING KIDS
9/26	HOUND DOG
10/3	The Wells／Zi:Kill
10/10	The Wells／GRASS VALLEY
10/17	5周年ベスト・ライブ集
10/24	ユニコーン
10/31	ユニコーン
11/7	EBI
11/14	SOFT BALLET meets 平沢進
11/21	加奈崎芳太郎＋小林和生／加川良／延原達治＋手塚稔／下郎(泉谷しげる・下山淳・藤沼伸一・KYON)
11/28	COBRA／ジュンスカイウォーカーズ
12/5	PEARL
12/12	陣内大蔵
12/19	DER ZIBET
12/26	DIAMOND☆ YUKAI
1992年	
1/2	THE BOOM
1/9	Qujira Dragon Orchestra
1/16	PSY・S
1/23	THE BLANKY JET CITY
1/30	Bad Messiah／HEATWAVE
2/6	詩人の血／Ladies Room
2/13	詩人の血／すかんち
2/20	詩人の血／ORIGINAL LOVE
2/27	詩人の血／THE BLANKY JET CITY／ユニコーン／ジュンスカイウォーカーズ
3/5	Rotten Hats／電気グルーヴ
3/12	篠原利佳／GENDA×BENDA／相馬裕子／相沢友子／大塚純子
3/19	Justy-Nasty／PERSONZ
3/26	Justy-Nasty／BABY'S BREATH
4/2	PC-8／シャ乱Q／BUCK-TICK
4/9	ホブルディーズ／BUCK-TICK
4/16	コールター・オブ・ザ・ディーパーズ／大沢誉志幸／海福知弘
4/23	DEEP KISS／zabadak
4/30	フラワーカンパニーズ／フェンス・オブ・ディフェンス
5/7	RUFFIANS／松岡英明
5/14	ミンカ・パノピカ／M-age／Mr.Children／the pillows
5/21	miyuki／M-age／アンジー
5/28	Ladies Room／すかんち／フェンス・オブ・ディフェンス／BUCK-TICK
6/4	zabadak／PERSONZ／Rotten Hats／大沢誉志幸
6/11	寺田(奥田民生＋寺岡呼人)／SHEEN
6/18	THEATRE BROOK／M-age／BO GUMBOS

放送日	出演者
6/25	伊藤やすあき／M-age／ザ・プライベーツ
7/2	ONE DROP／リクオ／WILD FLAG
7/9	GAS BOYS／リクオ／SHADY DOLLS
7/16	PSYCHO／Paint in watercolour／60/40／Ruby
7/23	柴田由紀子／リクオ／UP-BEAT
7/30	WINDY MOON／PSYCHEDELIX
8/6	SHEEN／リクオ／CHICA BOOM
8/13	青山紳一郎／SING LIKE TALKING
8/20	Lira／レピッシュ
8/27	THE YELLOW MONKEY／SUPER SNAZZ／レピッシュ
9/3	THE YELLOW MONKEY／HIMARAYA／SOLID BOND／THE KIDS／HOUND DOG
9/10	THE YELLOW MONKEY／山下亜紀／HOUND DOG
9/17	Mr.Children／UP-BEAT／SHADY DOLLS／ザ・プライベーツ／Ruby／アンジー／BO GUMBOS
9/24	寺田(奥田民生＋寺岡呼人)／M-age／CHICA BOOM／SING LIKE TALKING／WILD FLAG／PSYCHEDELIX
10/1	4B／Rotten Hats／FLYING KIDS／ピブラストーン
10/8	Samuel／スチャダラ・パー／パノラマ・マンボ・ボーイズ／ORIGINAL LOVE／GONTITI
10/15	Y's GUY／De+LAX
10/22	GOLD WAX／喜納昌吉&チャンプルーズ
10/29	陣内大蔵／THE BODIES
11/5	The Flamenco A GO GO／SOFT BALLET
11/12	VOICE／奥野敦士
11/19	安泰ガバメンツ／NEWEST MODEL
11/26	GUSTY BOMS／GO-BANG'S
12/3	COOL ACID SUCKERS／ZELDA
12/10	RISE FROM THE DEAD／詩人の血
12/17	JUDY AND MARY／篠原利佳／加藤いづみ／久宝瑠璃子
12/24	谷村有美／古内東子／桃姫BAND
12/31	※不明
1993年	
1/7	レピッシュ／GO-BANG'S／詩人の血／THE YELLOW MONKEY／HOUND DOG
1/14	陣内大蔵／奥野敦士／ピブラストーン／ZELDA／SOFT BALLET／NEWEST MODEL／喜納昌吉&チャンプルーズ
1/21	中村栄之輔BAND／Cutemen
1/28	黒夢／M-AGE
2/4	※不明
2/11	デキシード・ザ・エモンズ／MOON RIDERS
2/18	B-2 DEPT／MOON RIDERS
2/25	平山雄一&能地祐子
3/4	Mr.Children／ザ・カスタネッツ
3/11	DEEP／永井真理子
3/18	川中茂則／永井真理子
3/25	HOUND DOG／RED WARRIORS／レベッカ／米米CLUB／TM NETWORK／RCサクセション／ザ・ルースターズ／プリンセス・プリンセス
4/1	ジュンスカイウォーカーズ／BUCK-TICK／X／ARB／久保田利伸／ザ・ストリート・スライダーズ／ユニコーン

本書制作につきまして、取材にご協力いただきました皆様、その他、
ご協力をいただきましたすべての方々に心から御礼を申し上げます。
dedicate to T.K.

著 者
兼田達矢 TATSUYA KANEDA

1963年、兵庫県姫路市生まれ。早稲田大学第一文学部卒業。

86年、ダイヤモンド社出版研究所に入社。「FMステーション」編集部にて4年半編集を担当して、退社。90年8月よりWOWOWの音楽情報番組「WOO MUSIC SATELLITES」の制作に携わる。92年10月からフリーランスの立場で、ラジオ／テレビの番組企画、構成、音楽イベントの企画、様々なアーティストのインタビュー、書籍制作、さらには音楽電子書籍「Gentle music magazine」の発行などを手がけている。

住友利行 TOSHIYUKI SUMITOMO

1948年、山口県下関市生まれ。広島大学教育学部卒業。

1972年テレビ神奈川入社。ワイドショーを半年間担当したあと、一貫して邦楽・洋楽の音楽番組『ヤング・インパルス』『ファイティング 80's』『ライブトマト』『ファンキー・トマト』『ミュージックトマト』『saku saku』等を担当する。2011年に退社。

横浜の“ロック”ステーション
ＴＶＫの挑戦
ライブキッズはなぜ、そのローカルテレビ局を愛したのか？

初 版 発 行　2021年11月26日

著　兼田達矢

スーパーバイザー　住友利行
企　画　井黒成郎
写 真 提 供　ｔｖｋ、神奈川新聞社、猪股秀夫
制 作 協 力　ｔｖｋ50周年プロジェクト

デ ザ イ ン　高橋力・布谷チエ（m.b.llc.）
編　集　中井真貴子（DU BOOKS）

発 行 者　広畑雅彦
発 行 元　DU BOOKS
発 売 元　株式会社ディスクユニオン
東京都千代田区九段南3-9-14
編集　TEL 03-3511-9970　FAX 03-3511-9938
営業　TEL 03-3511-2722　FAX 03-3511-9941
https://diskunion.net/dubooks/

印刷・製本　大日本印刷

ISBN978-4-86647-156-3
Printed in Japan

本書の感想をメールにてお聞かせください。
dubooks@diskunion.co.jp